W0260447

C.G. Sinclair, B. Kristiansen, J.D. Bu'Lock (Hrsg.)

Fermentations-prozesse

Kinetik und Modelling

Aus dem Englischen übersetzt von
Dr. Jutta Eck

Überarbeitet von
Dr. Elmar Heinzle

Mit 29 Abbildungen

Springer-Verlag
Berlin Heidelberg New York
London Paris Tokyo
Hong Kong Barcelona Budapest

Autoren:
C. G. Sinclair, *Department of Chemical Engineering, UMIST, England*
B. Kristiansen *Senter for Industriforskning, Forskningsveien 1, Postboks 350, Blindem, 0314 Oslo 3, Norwegen*

Herausgeber:
J. D. Bu'Lock *Weizmann Microbial Chemistry Laboratory, University of Manchester, England*

Übersetzung und Bearbeitung:
Jutta Eck, *Alemannenstr. 6, D-7500 Karlsruhe 1*
E. Heinzle *Technisches Chemisches Laboratorium, ETH Zürich, Universitätsstr. 6, CH-8092 Zürich*

First Published 1987

This edition is published by arrangement with **Open University Press**, Milton Keynes

ISBN-13: 978-3-540-56170-5 e-ISBN-13: 978-3-642-77914-5
DOI: 10.1007/978-3-642-77914-5

Die Deutsche Bibliothek - CIP-Einheitsaufnahme
Sinclair, Charles G.: Fermentationsprozesse: Kinetic und Modelling / C.G. Sinclair; B. Kristiansen;J.D. Bu'Lock. Aus dem Engl. übers. von J. Eck. Überarb. von E. Heinzle - Berlin; Heidelberg; New York; London; Paris; Tokyo; Hong Kong; Barcelona; Budapest : Springer 1993 (Biotechnologie)
ISBN-13: 978-3-540-56170-5
NE: Kristiansen: Bjørn; Bu'Lock, John D.

02/3020 - 5 4 3 2 1 0 - Gedruckt auf säurefreiem Papier

Vorwort

Wozu braucht man ein Modell ?

Das vorliegende Buch wurde in der Überzeugung konzipiert, daß es für Biotechnologen aller Fachrichtungen grundsätzlich von Nutzen ist, die Methoden der Erstellung und Handhabung mathematischer Modelle für Fermentationsprozesse verfügbarer zu machen. Mein eigenes einleitendes Kapitel ist vor allem für Leser gedacht, für die diese Thematik neu ist; diejenigen, die vom Wert kinetischer Modelle überzeugt sind, und die dieses Buch zur Hand nehmen, um für die Beschreibung mikrobiologischer Zusammenhänge besser gerüstet zu sein, können vielleicht Zeit sparen, wenn sie direkt mit dem ersten Kapitel beginnen.

Zunächst, was sind solche „Fermentationsprozesse", auf die Techniken der Modellerstellung angewendet werden sollen? Das Schlüsselwort „Fermentation" ist hier nicht im engeren Sinn zu verstehen, sondern wird sehr allgemein für alle Prozesse verwendet, die mit Hilfe von Mikroorganismen ablaufen. Der Begriff ließe sich ebenso gut auf Reaktionen anwenden, die mit pflanzlichen oder tierischen Zellen durchgeführt werden, wie das in der modernen Biotechnologie zunehmend häufiger geschieht. Hierbei müßten zwangsläufig dieselben Techniken verwendet werden wie für Mikroorganismen. Der Begriff „Fermentations-Industrie" umfaßt deshalb im allgemeinen Sprachgebrauch nicht nur das Brauen und andere überwiegend anaerobe Prozesse, sondern die gesamte Palette der aeroben Prozesse, einschließlich der Produktion von Antibiotika, organischen Säuren, Vitaminen, etc., wie auch die mikrobielle Biomasse selbst.

All diese unterschiedlichen Prozesse hier beschreiben zu wollen, wäre unangebracht, nicht nur weil diese Aufgabe zu umfangreich wäre, sondern weil wir im vorliegenden Kontext versuchen, ein Verfahren zu entwickeln, das so allgemein gehalten ist, daß solche Details erst bei seiner Anwendung auf ganz spezielle Situationen benötigt werden. Allen Prozessen ist zuerst die Produktion der erforderlichen Mengen an gewünschten Mikroorganismen gemeinsam, diese erfolgt durch Zellmultiplikation in einer geeigneten Anlage mit den passenden Rohstoffen, zweitens die Bereitstellung der notwendigen Ausgangsmaterialien und Bedingungen, welche den Mikroorganismen die Herstellung der gewünschten Produkte erlauben. Letzteres kann entweder während des Zellwachstums oder als getrennte Operation erfolgen. Praktische Einrichtungen schließen die Apparaturen zur Herstellung der Ausgangsmaterialien und zur Gewinnung der Produkte ein, doch dies liegt außerhalb unseres Themas. Hier ist bedeutsam, daß ein Prozeß, wenn er ökonomisch ist (wenn er nicht ökonomisch ist, ist es kein biotechnischer Prozeß), in allen diesen Punkten optimiert werden muß. Es ist ein Charakteristikum für die Art, mit der biologische Systeme auf ihre Umgebung antworten, daß scheinbar voneinander unabhängige Prozesse auf sehr komplexe Weise zusammenwirken und so die Gesamtmengen der beteiligten Materialien wie auch die Raten bestimmen, mit denen Stoffe verbraucht oder gebildet werden. Wir werden all dies in unserem beschreibenden Formalismus in Rechnung stellen müssen.

Zweitens, warum ist es hilfreich, die Techniken der Modellentwicklung auf diese Prozesse anwenden zu können? Für den Laboratoriumsbiologen erscheinen manche Fermentationen sehr unfertig, z.B. die aerobe Behandlung von Abwasser mit unbekannten mikrobiellen Populationen. Ebenso gelten einige Prozesse als hochentwickelt, wie z.B. die Produktion von Insulin durch ein genetisch transformiertes Bakterium. Trotzdem sind beide Prozesse, der unentwickelte wie auch der hochentwickelte Prozeß, in der Praxis gleichermaßen gut für eine kinetische Analyse geeignet. Eine Beschreibung der Verfahren wird – außer unter sehr speziellen Gesichtspunkten – nicht nur Angaben darüber enthalten was geschah, sondern auch wie schnell etwas geschah, wie die Ergebnisse durch die experimentellen Bedingungen beeinflußt wurden und wie sich weitere, bisher nicht untersuchte Parameter auswirken könnten. Kurz gesagt, man benötigt ein Modell. Mehr noch, jeder Fortschritt im Modellkonzept ist eine wichtige Voraussetzung, daß neue oder verbesserte Wege für die praktische Durchführung eines Prozesses entwickelt werden können.

Schon im mikrobiologischen Laboratorium ist man sich bewußt, daß alle experimentellen Untersuchungen notwendigerweise unter Verhältnissen durchgeführt werden, die beschränkter sind als jene, auf die man seine Schlußfolgerungen gern anwenden würde. Deshalb benötigt man einige Regeln, um seine Beobachtungen verallgemeinern zu können. Dies gilt immer, auch wenn die betrachteten Studien rein beobachtender Natur sind. Das Problem wird offensichtlicher bei biochemischen oder physiologischen Untersuchungen und besonders augenfällig, wenn man einen industriellen Prozeß entwickeln will. Alle Untersuchungen für die industrielle Anwendung werden notwendigerweise in Apparaturen durchgeführt, die sich erheblich von denen unterscheiden, die sinnvollerweise später eingesetzt werden.

Ganz gleich, ob man versucht, zwischen gemessenen Daten zu interpolieren oder von ihnen aus zu extrapolieren oder ob man diese Daten verallgemeinernd und nach geeigneter Umwandlung auf völlig verschiedene Apparate anwendet, man wird ein Modell verwenden.

Manchmal ist ein Modell so gebräuchlich, daß es kaum bemerkt wird. Mißt man z.B. die optische Dichte einer Bakterienkultur in sechsstündigen Intervallen und verbindet die einzelnen Meßpunkte durch eine glatte Kurve, verwendet man ein Modell, – hier ein sehr einfaches, welches nur beschreibt, daß eine bakterielle Population stetig und nicht schrittweise wächst. Man „weiß", daß das Modell angemessen ist, wenn man es mit einer ausreichend großen Bakterienzahl unter nicht synchronisierten Bedingungen zu tun hat. Man weiß aber auch, daß der Formalismus nicht auf kurze Intervalle und sehr wenige Bakterien oder auf sich synchron teilende Populationen angewendet werden darf. Dies zeigt, daß selbst dieses „implizite" Modell mit Bedacht eingesetzt werden muß.

Auch wenn dieses Buch anspruchsvollere Modelle behandelt, ist die gleiche Vorsicht geboten, außerdem müssen solche Modelle noch sorgfältiger ausgearbeitet werden. Die Notwendigkeit für ein Modell wird um so zwingender, wie ein untersuchtes System komplexer wird. Andererseits besteht immer die Gefahr, ein Modell falsch zu verwenden, es sei denn, es ist wirklich gut verstanden.

In den letzten fünfzig Jahren haben sich Mikrobiologen langsam daran gewöhnt, mathematische Modelle zur Beschreibung ihrer Beobachtungen zu gebrauchen, obwohl einige noch immer den Zeiten nachtrauern, als Mikroskop und Skizzenblock das einzige notwendige Handwerkszeug waren. Heute sind Terme wie „logarithmische Phase" und „spezifische Geschwindigkeit" allgemein gebräuchlich, aber wegen der fehlenden mathematischen Überprüfung werden sie oft ungenau verwendet, manchmal sogar falsch. Zum Beispiel ist in einem beträchtlichen Teil von Publikationen der Begriff „logarithmische Phase" einfach deshalb falsch, weil sich die Autoren nie die Mühe gemacht haben, ihre Beobachtungen auf logarithmisches Papier zu zeichnen, um zu sehen, was wirklich geschehen ist. Hat man ein mathematisches Modell selbst formuliert, so wird man sehr viel vorsichtiger in seiner Anwendung sein – und durch die klare mathematische Formulierung werden mögliche Leser weniger Entschuldigungen für Ihr Mißverstehen haben!

Man kann mit Recht behaupten, daß das Modell eines Fermentationsprozesses, welches von einem Mikrobiologen entwickelt wurde, der das einfache aber notwendige mathematische Fachwissen gelernt hat, wahrscheinlich „besser" sein wird, als das aus denselben Daten von einem Mathematiker entwickelte. Der Mikrobiologe wird nämlich, implizit oder explizit, Gedanken und Verständnis aus seiner weiteren Kenntnis über das Verhalten der Organismen einbringen. Beispielsweise haben *Sikyta et al.*[1] bewiesen, daß ein Modell, in dem die Wachstumskinetik einer mikrobiellen Population durch Exponentialfunktionen beschrieben wird, in dieser Hinsicht „besser" ist, als eines mit logistischen Funktionen oder Polynomen, obwohl jede Näherung zur „Anpassung" der experimentellen Daten verwendet werden kann und Ausdrücke ergibt, die vergleichbar leicht weiterbearbeitet werden können. Dies ist einfach deshalb so, weil sich die mathematischen Terme in der Exponentialfunktion auch für ein biologisches Konzept eignen, hier der Proliferation der Tochterzellen, bezogen auf die Mutterzellen, während die in den Polynomen dies nicht tun.

Im ersten Kapitel dieses Buches betonen unsere Autoren, daß das Entwickeln eines mathematischen Modells ein Ziel verfolgt, und daß dieses Ziel den Charakter des Modells auch tatsächlich beeinflußt. In der bereits zitierten Veröffentlichung hat *Sikyta* die Hauptanwendungsbereiche für solche Modelle zusammengefaßt. Diese liegen

a) in der experimentellen Planung – in der Festlegung der limitierenden experimentellen Bedingungen;
b) in der Interpolation und Extrapolation der experimentellen Ergebnisse;

---

1 Sikyta B, Novak M, Dobersky P (1977) Modelling of Microbiological Processes. In Meyrath J, Bu'Lock JD (eds) Biotechnology and Fungal Differentiation. Academic Press London, S. 119-136

c) in der Erläuterung der Natur eines Prozesses, seiner biologischen, chemischen oder physikalischen Basis.

Jede dieser Anwendungen stellt, abhängig von der Natur der Experimente und ihrer Ergebnisse oder auch von der Art der gewünschten Erkenntnisse, spezifische Anforderungen. Wie in Kapitel 1 dargestellt, kann der einzelne Experimentator an der Wirtschaftlichkeit eines Prozesses oder dessen Energiebedarf interessiert sein, oder an der Entwicklung eines Prozesses, der beim tausendfachen des Wertes abläuft, bei dem die Vorversuche durchgeführt wurden. In jedem Fall wird die Art der benötigten oder verwendeten experimentellen Daten sehr unterschiedlich sein, ebenso wie die Natur des Modells – das Modell wird, je nach betrachtetem Fall, Ausdrücke enthalten, die für den Wirtschaftswissenschaftler, den Ingenieur oder den Verfahrenstechniker wichtig sind.

Eine wichtige Aufgabe des Modells ist es, die Aufmerksamkeit auf Faktoren zu lenken, die sonst übersehen werden könnten. Dies ist das Stadium, in dem das Ingenieursmodell vom Wirtschaftswissenschaftler untersucht werden muß, das Modell des Mikrobiologen braucht die Überprüfung durch den Ingenieur. Der Ingenieur wird bald lernen, daß er aus der Sicht des Ökonomen nicht alle Energieformen aufgrund von einfachen thermodynamischen Überlegungen gleichsetzen kann, der Mikrobiologe wird lernen, daß Phänomene wie Mischungszeiten und Temperaturgradienten, die er in seinem Literkessel ignorieren kann, im Kubikmeter-Maßstab berücksichtigt werden müssen. Gerade diese Art von Dialog braucht ein Modell, damit es als Diskussionsgrundlage dienen kann. Ein solcher Dialog macht es an zweiter Stelle auch erforderlich, daß die mathematischen Terme im Modell verbal erläutert werden. Sie müssen „verstanden" sein – und genau in diesem Punkt werden einige kunstvolle, sehr elegante Modelle relativ nutzlos. Deshalb bitte ich jeden Leser, jede Aussage in Ruhe zu überdenken und zu versuchen, sich alles mit bereits Bekanntem zu veranschaulichen.

Für den Leser, der ausschließlich in einer der Basisdisziplinen – allgemeine Mikrobiologie oder chemische Verfahrenstechnik – ausgebildet ist, werden sich einige Probleme mit der Terminologie ergeben, z.B. mit der technischen Sprache. In der Regel haben unsere Autoren spezielle Fachausdrücke bei erstem Gebrauch erklärt, ergänzend existiert am Ende des Buches ein Glossar.

Unabhängig davon wird die einzige spezielle Schwierigkeit für einen Chemieingenieur die Bedeutung sein, die den *Wachstumsprozessen* zugemessen wird. In den meisten Bioprozessen ist der Katalysator, auf dem der gesamte Prozeß beruht, die Population der lebenden Zellen, deren Anzahl und spezifische Aktivität sich sowohl mit der Zeit als auch mit den vorherrschenden Bedingungen ändern kann. Dies bedeutet, daß die Kinetik, die in anorganischen Systemen nur durch die Katalysatormenge im System und die Reaktionsbedingungen bestimmt ist, in biologischen Systemen durch die Kinetik, die mit der Produktion (Wachstum) und den Eigenschaften (Physiologie) des Katalysators verbunden ist, komplexer wird. Mehr noch, diese Eigenschaften sind intrinsisch für den gesamten Prozeß und nicht nur akademische, verkomplizierende Argumente.

Der klassisch ausgebildete Mikrobiologe wird auf recht unterschiedliche Schwierigkeiten stoßen. So kann es erforderlich sein, die elementare Algebra und die für die Geschwindigkeitsgesetze notwendige, einfache Integral/Differentialrechnung aufzufrischen sowie zu versuchen, zumindest zeitweilig abstrakter zu denken. Diese Aufgabe mag recht schwierig erscheinen, tatsächlich aber stellt dieses Buch alles dazu Notwendige zur Verfügung. Doch sollte man nicht zu abstrakt werden. Besonders eine Pseudogenauigkeit, die aus dem Arbeiten mit zu vielen Daten resultieren kann, ist zu vermeiden. Eine Gleichung ist genau so gut wie die Genauigkeit der zugrunde liegenden Meßwerte. Viele Diskussionen darüber, welche Gleichung nun die „beste" zur Beschreibung dieses oder jenes Phänomens ist, ließen sich vermeiden, wenn man das erkennen würde. Manchmal ist die einzig mögliche Schlußfolgerung die, daß es keinen Unterschied macht, welche Beschreibung man wählt, oder anders ausgedrückt, „das Experiment muß besser werden".

Viel Spaß beim Entwickeln von Modellen!

Manchester J. Bu'Lock

Inhalt

1 Mathematische Modelle

1.1 Einleitung

Ein Fermentationsmodell ist eine formale, verallgemeinernde Beschreibung wichtiger interessierender Gesichtspunkte eines Fermentationsprozesses. In der Regel – aber nicht notwendigerweise – wird man ein mathematisches Modell verwenden; oft, wenn auch nicht immer, wird es besonders die kinetischen Aspekte der Fermentation behandeln. Dieses Buch beschäftigt sich mit der Entwicklung und Anwendung von mathematischen Modellen für Fermentationskinetik sowie deren Grenzen.

Für einen Biotechnologen sind solche Modelle nützlich, wenn nicht sogar unentbehrlich, weil niemand das Verhalten jeder beliebigen Fermentation unter allen möglichen Bedingungen und Größenverhältnissen empirisch bestimmen kann. Man muß aber in der Lage sein, die Wirkung von Maßstabsveränderungen (Änderung der Anlagengröße) oder veränderten Reaktionsbedingungen vorherzusagen. Solche Voraussagen sind immer erforderlich, wenn ein technischer Prozeß auf der Basis von Laborversuchen entwickelt werden soll. Hilfreich sind sie aber auch bei der Auswertung experimenteller Daten wie auch bei der Ausarbeitung von Hypothesen, die zur Erklärung experimenteller Beobachtungen benötigt werden. Die Aufstellung und Überprüfung eines kinetischen Prozeßmodells ist ein sehr wirkungsvolles Hilfsmittel, oft sogar der erste Schritt, um weitere Experimente zu planen, nicht erkanntes Unwissen aufzudecken und das allgemeine Verständnis für ein Problem zu fördern.

Studenten ohne mathematisches Fachwissen kann die scheinbare Komplexität der mathematischen Gleichungen eines Modells mit ihren formalen Ausdrücken und die oft mehr scheinbare als reale Leichtigkeit, mit der viele Autoren und Lehrer sie handhaben, davon abhalten, das Erstellen eines solchen Modells zu erwägen oder dieses anzuwenden. Häufig sind die Publikationen, gelinde gesagt, verwirrend, und auf keinen Fall ist alles in der Literatur Gesagte richtig. Der Aufwand, um die Technik der Modellentwicklung zu lernen, ist eigentlich nicht übermäßig hoch. Alle wichtigen Schritte, denen ein Student beim Schreiben eines Modells folgen muß, sind in Abschn. 1.2 zusammengestellt.

Können die dort beschriebenen drei Gruppen von Gleichungen, – Bilanzen, Geschwindigkeitsgleichungen und thermodynamische Gleichungen –, zugeordnet und verstanden werden, ist das Problem schon zur Hälfte gelöst. Der Rest wird erreicht, indem man die Beispiele durcharbeitet und die logischen Operationen ausführt, die einige Autoren gern überspringen. Am besten werden einige spezielle Fragestellungen mit der Hilfe von erfahrenen Praktikern angegangen.

Die anderen, für die Ausarbeitung eines Modells wesentlichen Voraussetzungen sind eher praktischer als mathematischer Natur – saubere bildliche Darstellung des mikrobiellen Prozesses und eine unzweideutige und leichtverständliche Nomenklatur; oft hilft es, unübliche Symbole eines Autors durch allgemein gebräuchliche Ausdrücke zu ersetzen. Es ist ohne Frage notwendig, daß die Konzepte, die zur Konstruktion eines Modells verwendet werden, eine biologische Bedeutung besitzen. In der Praxis werden Modelle, deren Konzeption einer allgemein anerkannten biologischen Theorie entspricht, bereitwilliger von Leuten mit biologischem Fachwissen angewendet, und bis zu einem gewissen Grad sind sie tatsächlich auch nützlicher. Zuletzt müssen die Dimensionen jedes Terms einer Gleichung auf Konsistenz geprüft werden (dies deckt oft Fehler in der Gleichung auf), und der physikalische Sinn jedes einzelnen Terms muß verstanden werden können.

1.2 Ausformulierung eines Modells

Ein Modell ist eine *Zusammenstellung von Relationen* zwischen *interessierenden Variablen* im *untersuchten System.*

Die *Zusammenstellung von Relationen* kann in Form von Gleichungen, Graphen und Tabellen erfolgen. Sie kann sogar – wie oft für erfahrenes Bedienungspersonal – ein nicht weiter spezifizierter Satz von Ursache/Wirkungsbeziehungen sein, die eine Abbildung des Prozesses sind, und welche die zur Prozeßkontrolle notwendigen Handlungen bestimmen. All diese Darstellungsformen bilden das grundlegende Gefüge eines Modells.

Die *interessierenden Variablen* sind von der jeweiligen Anwendung des Modells abhängig. Ein Biotechnologe, der sich mit einem Fermenter beschäftigt, wird sich z.B. mit der Zuflußrate, der Geschwindigkeit und Art der Vermischung, der Temperatur, der Lebensfähigkeit der Mikroorganismen etc., ein Elektroingenieur mit den Motorströmen und -spannungen befassen, ein Maschinenbauingenieur wird Informationen über Druck und Zug in der Struktur, ein Buchhalter über die Kosten der täglichen Zu- und Abfuhr von Material und Energie benötigen. Alle Spezialisten sehen dieselbe Anordnung, sie werden sie aber ganz unterschiedlich bewerten. Das abstrakte physikalische Modell wählt von einem realen Objekt diejenigen physikalischen und geometrischen Eigenschaften aus, die man für das System, das behandelt werden soll, benötigt.

Das *untersuchte System* muß im Detail definiert werden; in der Biotechnologie handelt es sich normalerweise um einen Reaktor mit Mikroorganismen oder um einem solchen Reaktor nachgeschaltete Prozeßschritte, mit denen die Produkte in ihre Bestandteile zerlegt werden (Aufarbeitung).

Für unsere Zwecke ist ein abstraktes physikalisches Modell als Raum definiert, in dem alle interessierenden Variablen (z.B. Temperatur, Konzentration, pH, gelöster Sauerstoff) einheitlich sind. Dieser Raum wird als „Kontrollregion" oder auch „Kontrollvolumen" bezeichnet.

Die Kontrollregion kann ein konstantes Volumen haben, wie das üblicherweise für einen Chemostaten und einen einfachen, im Chargenbetrieb arbeitenden Fermenter angenommen wird. Sie kann auch in der Größe variieren, wie z.B. in einem Zulauffermenter. Das Volumen mag endlich sein, wie bei der üblichen Beschreibung eines vollständig durchmischten Fermenters, oder unendlich klein wie in einem Turmfermenter (in welchem sich die Konzentrationen von Substrat und Produkt über den gesamten Flüssigphasenraum kontinuierlich ändern, so daß sie nur in einem infinitesimal kleinen Bereich als einheitlich gelten können; solch ein Reaktor muß besonders sorgfältig mit Hilfe einer Reihe von infinitesimal kleinen Kontrollregionen beschrieben werden).

Die Grenzen der Kontrollregion können sein

- Phasengrenzen ohne Austausch, z.B. die Wände eines Behälters,
- Phasengrenzen mit Massen- oder Energietransfer, z.B. die Gas/Flüssig-Grenzfläche,
- geometrisch definierte Grenzen innerhalb einer Phase, durch die entweder durch Massenfluß oder molekulare Diffusion ein Austausch stattfindet, z.B. der Substrat-Zulauf oder die Reaktor-Ablaufröhren.

Ein Beispiel für das abstrakte Modell eines Fermenters ist zusammen mit einem realen Fermenter in Abb. 1.1 dargestellt. Es ist zu beachten, daß das theoretische Modell Merkmale ausläßt, die für die interessierende Beschreibung nicht relevant sind, und andere rein formal darstellt.

Um ein formales mathematisches Modell aufzustellen, formuliert man einen Satz Gleichungen für jede Kontrollregion. Dieser besteht aus

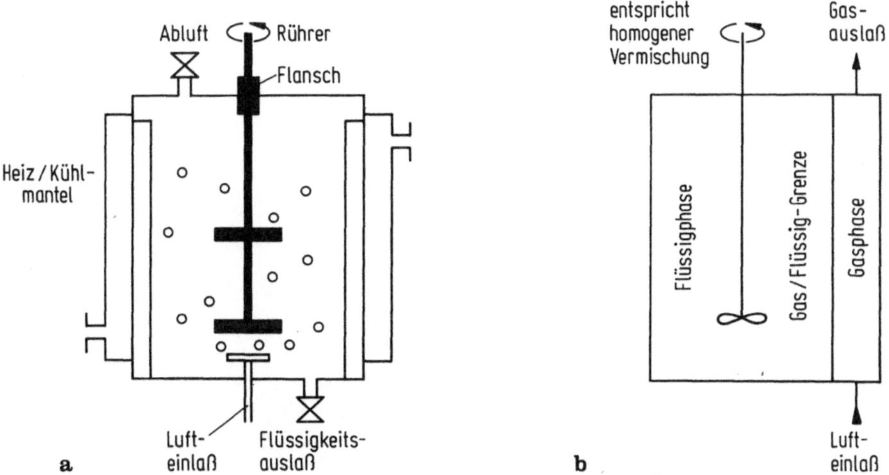

Abb. 1.1. Realer Fermenter (**a**) und dessen physikalisches Modell mit der flüssigen Phase als Kontrollregion (**b**)

A) Bilanzgleichungen für jede extensive Eigenschaft des Systems, z.B. Masse, Energie sowie individuelle Elemente oder Verbindungen. Ist die extensive Eigenschaft zusätzlich eine Erhaltungsgröße, die weder erzeugt noch vernichtet werden kann (so wie die Masse, die Energie oder chemische Elemente), werden die Bilanzgleichungen Erhaltungsgleichungen genannt. (Eine Definition des Begriffs „extensive Eigenschaft" erfolgt in Abschn. 2.1)
B) Geschwindigkeitsgleichungen; es existieren 2 Arten,
   B.1) Transferraten für die Masse, die Energie und individuellen Elemente oder Verbindungen durch die Phasengrenzen und
   B.2) Geschwindigkeiten der Bildung oder des Verbrauchs individueller Verbindungen innerhalb der Kontrollregion
C) Thermodynamische Gleichungen, welche die thermodynamischen Eigenschaften (Druck, Temperatur, Dichte und Konzentration) entweder innerhalb der Kontrollregion (z.B. durch die Gasgesetze) oder auf jeder Seite einer Phasengrenze (z.B. mit Hilfe des Henry-Gesetzes) beschreiben.

Modelle werden formuliert, um auch verwendet zu werden. Je einfacher sie sind, um so leichter sind sie anzuwenden. Deshalb gilt als goldene Regel für jeden, der solche Modelle entwickelt, daß immer das *einfachste adäquate Modell verwendet werden soll, das fest in den bekannten fundamentalen physikalischen, chemischen und biologischen Gesetzen verwurzelt ist.*

2 Massenbilanzen

2.1 Bilanzgleichungen

Für alle wichtigen extensiven Eigenschaften eines Systems und für jede Kontrollregion müssen Bilanzgleichungen formuliert werden. Hierbei ist nur zu beachten, daß alle Gleichgewichte voneinander linear unabhängig sind.

Extensive Eigenschaften eines Systems sind solche Eigenschaften, die im gesamten System additiv sind, so daß sich der Wert dieser Eigenschaften im Gesamtsystem aus der Summe der Einzelwerte aus den Systemteilen zusammensetzt. Masse oder Energie z.B. sind extensive Eigenschaften, Temperatur oder Konzentration dagegen nicht.

Lineare Unabhängigkeit bedeutet, daß keine Bilanzgleichung aus irgendeiner Kombination der anderen Bilanzgleichungen gebildet werden kann.

Die Bilanzgleichung lautet:

Akkumulationsrate in der Kontrollregion	=	Geschwindigkeit der in die Kontrollregion eingeführten Mengen	–	Geschwindigkeit der aus der Kontrollregion ausgeführten Mengen

Formuliert man die Bilanzgleichungen aus, ist es oft hilfreich, die Terme für den Ein- und Austrag weiter zu untergliedern nach

Eintrag:
a) Strömung durch geometrische Grenzen
b) Grenzflächendiffusion (nur für infinitesimal kleine Bereiche von Bedeutung)
c) Transport durch die Phasengrenzen
d) Erzeugung der Spezies innerhalb der Kontrollregion

Austrag:
a) Massenfluß durch geometrische Grenzen
b) Grenzflächendiffusion
c) Transport durch die Phasengrenzen
d) Verbrauch innerhalb des Kontrollbereichs.

Schließt man die Erzeugung im Eintrags- und den Verbrauch im Austragsterm ein, sind ihre Vorzeichen automatisch richtig.

2.2 Akkumulationsraten

Diesen Term auszuformulieren, bereitet Anfängern offenbar größere Schwierigkeiten als alle anderen Terme der Bilanzgleichung. Zunächst sollte man sich erinnern, daß es sich bei der Akkumulationsrate nicht um einen kinetischen Ausdruck handelt, der einen Massen- oder Energie-Transport beschreibt; hier wird einfach die Geschwindigkeit betrachtet, mit der sich der Wert der extensiven Eigenschaft in der Kontrollregion zeitlich verändert.

Ist z.B. x die Zellkonzentration in einem homogen vermischten Fermenter (in [kg m^{-3}]) und das Volumen der Kontrollregion V (in [m^3]), dann ist der Wert der extensiven Eigenschaft „Zellmasse" gleich Vx (in [kg]) und die Akkumulationsrate der Zellen im Kontroll-Bereich $\mathrm{d}(Vx)/\mathrm{d}t$ (in [kg h^{-1}]).

Diese Formulierung macht keine Annahmen über die Volumenkonstanz des Kontrollbereichs oder ähnliches. Will man die Geschwindigkeiten auf die Volumeneinheit beziehen, muß der Wert durch V dividiert werden. Dies ergibt für die

$$\text{Akkumulationsrate} = \frac{1}{V}\frac{\mathrm{d}(Vx)}{\mathrm{d}t} \quad [\mathrm{kg\ m^{-3}\ h^{-1}}].$$

2.3 Ein- und Austragsterme

2.3.1 Strömung

Der Strömungsterm beschreibt den Transport von Masse oder Energie durch ein Fluid in die Kontrollregion hinein oder aus ihr heraus. Er ist gleich der Durchflußgeschwindigkeit (in [m^3 h^{-1}]), multipliziert mit der Konzentration der extensiven Eigenschaft (in [kg m^{-3}] oder [J m^{-3}]). Wenn in der Bilanzgleichung alle Terme auf die Volumeneinheit normiert sind, muß auch der Strömungsterm wie beschrieben auf das Kontrollvolumen bezogen werden. Betrachtet man z.B. die Zellmasse x als extensive Eigenschaft bei der mittleren Zulaufrate F (in [m^3 h^{-1}]), so ist die Zulaufströmung Fx (in [kg h^{-1}]), bezogen auf das gesamte betrachtete Volumen, oder Fx/V (in [kg m^{-3} h^{-1}]), bezogen auf das Einheitsvolumen der Kontrollregion.

2.3.2 Transport durch Phasengrenzen

Dieser Term ist normalerweise auf die Volumeneinheit bezogen und durch das Produkt von drei Termen, einem Transportkoeffizienten, einem Term, der die Phasengrenzfläche definiert und einem Ausdruck für die treibende Kraft des Phasenübergangs, gegeben. Die treibende Kraft ist das Potential, das die Bewegung der Transportgröße durch die Phasengrenze verursacht; genau genommen muß für chemische Spezies das chemische Potential betrachtet werden. In der Praxis ist es etwas einfacher, als treibende Kraft eine Konzentrations- oder Partialdruck-Differenz zu verwenden.

Die Transportgleichung hat also die allgemeine Form:

Transportrate	=	Transport koeffizient	×	Phasengrenzfläche pro Vol. Einheit	×	treibende Kraft
[kg m^{-3} h^{-1}]	=	[kg m^{-2} h^{-1}] (DF-Einheit)$^{-1}$]	×	[m^2 m^{-3}]	×	[DF-Einheit]
[DF-Einheit]	:	Dimension der treibenden Kraft.				

Das bekannteste Beispiel für eine solche Gleichung ist die Massentransportrate für Sauerstoff in einem Fermenter

$$N = k_{\mathrm{L}}a\left(C_{\mathrm{g}}^{*} - C_{\mathrm{o}}\right). \tag{2.1}$$

Betrachtet man die Transportrate im gesamten Kontrollvolumen, müssen beide Seiten der Gleichung mit dem Volumen V der Kontrollregion multipliziert werden. NV hat dann die Dimension [kg h^{-1}]; Gl. (2.1) ist die bekanntere Form.

2.3.3 Produktion und Verbrauch

Terme, die die Erzeugung und den Verbrauch einzelner Spezies betreffen, werden immer mit r und einem geeigneten Index bezeichnet; z.B. ist r_{x} die Rate des Zellwachstums, r_{p} die Produktionsrate irgendeines Produkts, r_{s} die Rate des Substratverbrauchs, usw. Üblicherweise sind solche Reaktionsraten auf die Volumeneinheit bezogen, mit der Dimension [kg m^{-3} h^{-1}]. Um die Raten im Kontrollvolumen zu beschreiben, müssen alle Terme mit dem Volumen multipliziert werden.

Die jeweilige Form dieser Ausdrücke wird kurz im nächsten Abschnitt und etwas detaillierter in Kap. 3 behandelt.

2.4 Allgemeines Modell für einen einfachen Rührkessel

Betrachten wir einen idealisierten Fermentationsprozeß, in welchem wachsende Zellen Substrat verbrauchen und neue Zellen erzeugen. Es gilt das folgende Schema:

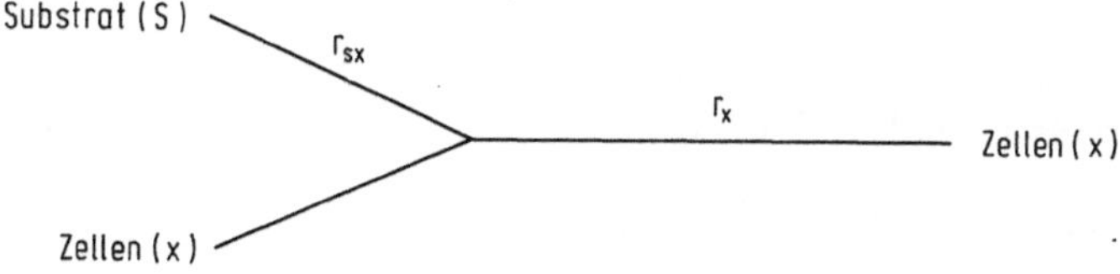

mit

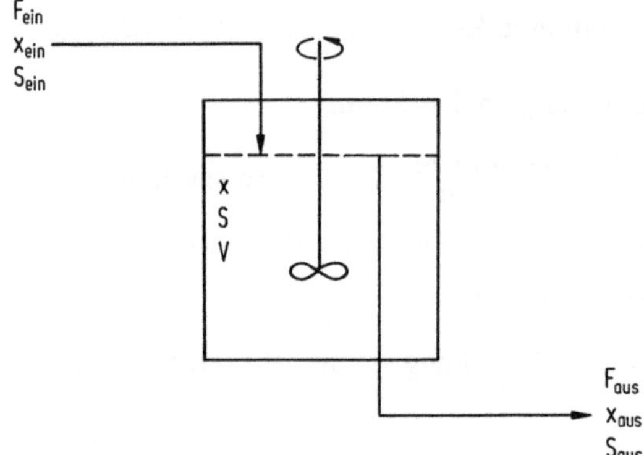

Abb. 2.1. Schema eines einfachen Fermentationsprozesses. F = Flußrate [$m^3\ h^{-1}$]; x = Konzentration an Biomasse [$kg\ m^{-3}$]; S = Substratkonzentration [$kg\ m^{-3}$]; ein, aus = Ein- bzw. Auslaßbedingungen

r_{sx} = Rate des Substratverbrauchs [$kg\ m^{-3}\ h^{-1}$]
r_x = Zellwachstumsrate [$kg\ m^{-3}\ h^{-1}$]
S = Substratkonzentration [$kg\ m^{-3}$]
x = Zellkonzentration [$kg\ m^{-3}$].

Die Bilanzierung der interessierenden extensiven Eigenschaften dieses Beispiels, z.B. der Gesamtmenge an Zellen Vx und der gesamten Substratmenge VS, mit V als Volumen der Kontrollregion, erfolgt mit Hilfe der bildhaften Darstellung Abb. 2.1. Mit dem Reaktionsmedium im Fermenter als Kontrollvolumen läßt sich die Bilanzgleichung wie folgt ausdrücken:

Akkumulationsrate = Eintragsrate − Austragsrate.

Für die Zellen gilt:

$$\text{Akkumulationsrate} = \frac{d(Vx)}{dt}$$

Eintrag: Massenfluß $= F_{ein}\, x_{ein}$
Erzeugung $= V r_x$

Austrag: Massenfluß $= F_{aus}\, x_{aus}$.

Dies ergibt:

$$\frac{d(Vx)}{dt} = F_{ein}\, x_{ein} + r_x V - F_{aus}\, x_{aus}. \tag{2.2}$$

Für das Substrat gilt analog

$$\text{Akkumulationsrate} = \frac{d(VS)}{dt}$$

Eintrag: Massenfluß $= F_{\text{ein}}\, S_{\text{ein}}$

Austrag: Massenfluß $= F_{\text{aus}}\, x_{\text{aus}}$

Verbrauch $= V r_{\text{sx}}$

und

$$\frac{d(VS)}{dt} = F_{\text{ein}}\, S_{\text{ein}} - F_{\text{aus}}\, S_{\text{aus}} - r_{\text{sx}} V. \tag{2.3}$$

Eine Gesamtmassenbilanz ergibt:

$$\frac{d(V\rho)}{dt} = F_{\text{ein}}\, \rho_{\text{ein}} - F_{\text{aus}}\, \rho_{\text{aus}}. \tag{2.4}$$

$\rho_{\text{ein}}, \rho_{\text{aus}}$ Dichte der zu- bzw. ablaufenden Flüssigkeit [kg m^3]

Bei Fermentationen gilt für Flüssigkeiten praktisch immer:

$$\rho_{\text{ein}} = \rho_{\text{aus}} = \rho.$$

Erinnern wir uns, daß die Definition des Kontrollvolumens einheitliche Bedingungen festlegt, d.h. daß der Reaktor vollständig durchmischt ist. Für diesen Fall gilt:

$$x_{\text{aus}} = x \tag{2.5}$$

und

$$S_{\text{aus}} = S. \tag{2.6}$$

Betrachten wir noch den einfachen Fall, daß das Flüssigkeitsvolumen konstant ist ($F_{\text{aus}} = F_{\text{ein}} = F$) und nehmen wir an, daß keine Zellen im zulaufenden Medium vorhanden sind (z.B. bei konstantem Zulauf), so reduzieren sich (2.2) und (2.3) zu:

$$\frac{dx}{dt} = r_{\text{x}} - Dx \tag{2.7}$$

und

$$\frac{dS}{dt} = -r_{\text{sx}} + D(S_{\text{ein}} - S), \tag{2.8}$$

mit der Verdünnungsrate $D = F/V\,[\text{h}^{-1}]$.

Die Gleichungen (2.7) und (2.8) sollten jedem Leser bekannt sein, weil sie häufig in der Literatur verwendet werden.

In ihrer allgemeinsten Form sind r_{x} bzw. r_{sx} definiert als μx und $\mu x / Y$, mit μ als spezifischer Wachstumsrate (in [h^{-1}]) und Y als Ausbeutekoeffizient, bezogen auf die Zellmasse pro Substrateinheit (in [kg/kg]). Dann lauten die Gleichungen:

$$\frac{dx}{dt} = \mu x - Dx \tag{2.7a}$$

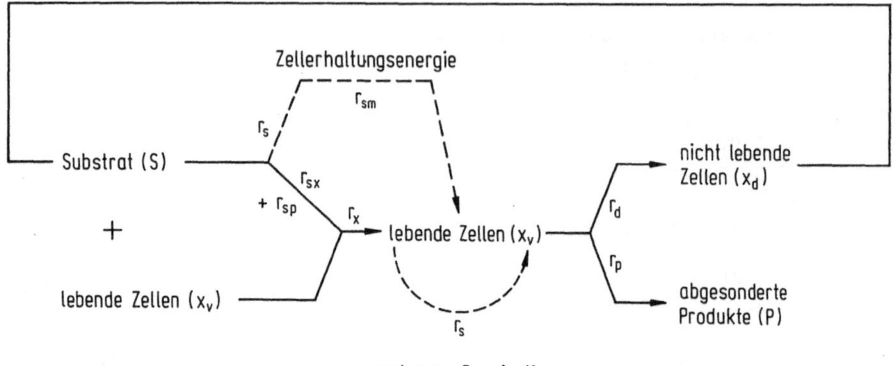

Abb. 2.2. Grundlegender biologischer Reaktionsmechanismus. r_s = Gesamtrate des Substratverbrauchs; r_{sx} = Rate des Substratverbrauchs zur Produktion von Biomasse; r_{sp} = Rate des Substratverbrauchs zur Produktbildung; r_x = Zellwachstumsrate; r_{sm} = Rate des Energieverbrauchs für die Zellerhaltung; r_e = Rate des Verbrauchs von organischen Zellen bei der endogenen Respiration; r_p = Produktbildungsrate; r_d = Rate der Zelldesaktivierung (Zelltod); r_l = Rate der Zell-Lysis; r jeweils in [kg m^{-3} h^{-1}]

und

$$\frac{dS}{dt} = -\frac{\mu x}{Y} + D(S_{\text{ein}} - S). \tag{2.8a}$$

Bei der bisherigen Ableitung haben wir einen hochgradig idealisierten Fermentationsprozeß vorgestellt. In einem allgemeineren Fall wird eine Reihe von verschiedenen Verbrauchs- und Erzeugungsreaktionen stattfinden. Wir möchten diese separat betrachten.

Abbildung 2.2 zeigt ein allgemeineres Schema der Reaktionsmechanismen, denen man bei Fermentationsprozessen begegnet. Eine Skizze des Prozesses mit der dazugehörigen Nomenklatur ist in Abb. 2.3 gegeben. Hier ist die Biomasse unterteilt in „lebende" und „nicht-lebende" (avitale) Zellen.

Bilanzgleichungen für alle wichtigen Spezies, das sind hier x_v, x_d, S und P, lassen sich wie in Abschn. 2.1 beschrieben formulieren. Nimmt man weiterhin an, daß der Term für die Zellerhaltungsenergie durch den Verbrauch des reaktionsbegrenzenden Substrats bereitgestellt wird, ergibt sich für die lebenden Zellen:

$$\text{Akkumulationsrate} = \frac{d(Vx_v)}{dt}$$

Eintrag: $\text{Massenfluß} = F_{\text{ein}}\, x_{\text{v, ein}}$

$\text{Zellwachstumsrate} = V r_x$.

Austrag: $\text{Massenfluß} = F_{\text{aus}}\, x_{\text{v, aus}}$

$\text{Rate der Zelldesaktivierung} = -V r_d$.

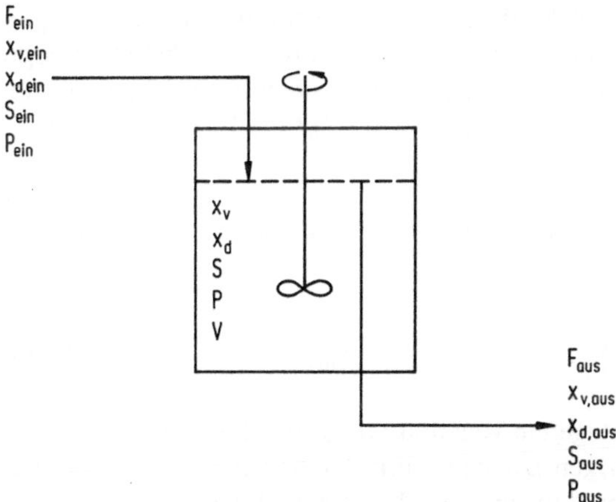

Abb. 2.3. Allgemeiner Fermentationsprozeß für einen einfachen Rührkessel. F = Flußrate [$m^3\ h^{-1}$]; x_v = Konzentration an lebenden Zellen [$kg\ m^{-3}$]; S = Substratkonzentration [$kg\ m^{-3}$]; P = Produktkonzentration [$kg\ m^{-3}$]; V = Reaktor- (Flüssigkeits-) Volumen [m^3]; ein, aus = Ein- bzw. Auslaßbedingungen

Daraus folgt:

$$\frac{d(Vx_v)}{dt} = F_{ein}\, x_{v,ein} + V r_x - F_{aus}\, x_{v,aus} - V r_d, \tag{2.9}$$

was normalerweise in der folgenden Form ausformuliert wird:

$$\frac{d(Vx_v)}{dt} = V r_x - V r_d + F_{ein}\, x_{v,ein} - F_{aus}\, x_{v,aus}. \tag{2.9a}$$

Analog ergibt sich für die anderen Variablen
nicht-lebende Zellen:

$$\frac{d(Vx_d)}{dt} = V r_d + F_{ein}\, x_{d,ein} - F_{aus}\, x_{d,aus} \tag{2.10}$$

Substrat:

$$\frac{d(VS)}{dt} = -V\left(r_{sx} + r_{sm} + r_{sp}\right) + F_{ein}\, S_{ein} - F_{aus}\, S_{aus} \tag{2.11}$$

Produkt:

$$\frac{d(VP)}{dt} = V r_p + F_{ein}\, P_{ein} - F_{aus}\, P_{aus} \tag{2.12}$$

Gesamtmasse:

$$\frac{d(V\rho)}{dt} = F_{ein}\, \rho_{ein} - F_{aus}\, \rho_{aus}. \tag{2.13}$$

Die Geschwindigkeit, mit der Substrat zur Erzeugung von Zellerhaltungsenergie verbraucht wird, r_{sm}, ist in der Massenbilanz des Substrats, Gl. (2.11), enthalten, sie wird außerdem in Abschn. 3.3 betrachtet.

Wird alternativ angenommen, daß die Zelle die benötigte interne Energie aus der endogenen Respiration und nicht durch Umlenkung von Substrat erzeugt (soweit die beiden Konzepte in ihrer Bedeutung unterscheidbar sind), muß die Bilanz für die lebenden Zellen und das Substrat wie folgt modifiziert werden.
Lebende Zellen:

$$\frac{d(Vx_v)}{dt} = V\,(r_x - r_d - r_e) + F_{ein}\,x_{v,\,ein} - F_{aus}\,x_{v,\,aus}. \tag{2.14}$$

Substrat:

$$\frac{d(VS)}{dt} = -V\,\left(r_{sx} + r_{sp}\right) + F_{ein}\,S_{ein} - F_{aus}\,S_{aus}, \tag{2.15}$$

mit r_e = Geschwindigkeit der endogenen Respiration (in [kg kg^{-1} h^{-1}]).

Beachten wir, daß alle vorherigen Bilanzen, mit der trivialen Ausnahme der Gl. (2.13), auf das Einheitsvolumen normiert in der allgemeinen Form:

$$\frac{1}{V}\frac{d(Vy)}{dt} = \sum r_{gen} - \sum r_{con} + Dy_{ein} - \gamma D y_{aus} \tag{2.16}$$

formuliert werden können, wobei

- y für die allgemeine intensive Eigenschaft steht, in diesem Fall für x_v, x_d, S oder P,
- $\sum r_{gen}$ für die Summe aller Erzeugungsraten (in [kg m^{-3} h^{-1}]),
- $\sum r_{con}$ für die Summe aller Verbrauchsraten (in [kg m^{-3} h^{-1}]),
- $D = F_{ein/V}$ und $\tau = F_{aus}/F_{ein}$.

Bei der Anwendung dieser Gleichungen ist zu beachten, daß die Definition des Kontrollvolumens einheitliche Bedingungen innerhalb seiner Grenzen fordert (z.B. bei einem homogen durchmischten Reaktor). Es gilt überall:

$$y = y_{aus}. \tag{2.17}$$

2.5 Strukturierte und nicht strukturierte kinetische Modelle

2.5.1 Unstrukturierte Mechanismen

Kinetische Ausdrücke müssen für die verschiedenen Schritte im gesamten biologischen Prozeß angewendet oder entwickelt werden. Dazu ist es notwendig, einen grundlegenden biologischen Mechanismus zu vereinbaren. Dies mag unterschiedlich detailliert geschehen. Zum Beispiel wäre es prinzipiell möglich, jeden einzelnen der Reaktionsschritte, die in der Zelle ablaufen können, auszuformulieren und dann den gesamten Satz Gleichungen zur Beschreibung aller Reaktionen aufzulisten. Ganz unabhängig davon, daß dies eine unpraktizierbare Aufgabe ist, wäre ein solches Modell für technische Zwecke viel zu detailliert. Trotzdem könnte es für Biochemiker (wenn auch in vereinfachter Form) von

Interesse sein. Ein weniger detaillierter Mechanismus könnte einen oder zwei chemische Schlüsselsubstanzen innerhalb der Zelle auswählen, vielleicht solche, die in kommerziellem Maßstab extrahiert werden sollen, und alle anderen Komponenten der Zellen in einer oder zwei allgemeinen Klassen wie Proteine, RNA, Fette etc. zusammenfassen. Dieses könnte auf dem Wissen über deren Rolle im Prozeß und der Art ihrer Bildung basierend erfolgen.

Solche Mechanismen, z.B. solche, die einige grundlegende Aspekte der Zellstruktur, Funktion und Zusammensetzung einbeziehen, sind die Basis strukturierter Modelle. Jedoch ist das, was als unstrukturierter Mechanismus der Zellaktivität bezeichnet werden kann, für viele technologische Zwecke ausreichend. Es ist einfach genug, um Gleichungen aufstellen zu können, die sich in einem physikalischen Sinn verstehen lassen, und mit genügend biologischer Bedeutung, um allgemein anwendbar zu sein.

In einem unstrukturierten Mechanismus für die Zellaktivität wird der Mikroorganismus als eine einzelne reagierende Spezies betrachtet, möglicherweise mit fester chemischer Zusammensetzung. Das grundlegende biologische „Reaktionsschema" entspricht dem der Abb. 2.2. Hier identifizierten wir Substrat, lebende Zellen, nicht lebende Zellen und abgesonderte Produkte als die vier Hauptkomponenten. Das Substrat reagiert mit lebenden Zellen unter Bildung von weiteren lebenden Zellen, welche abgeerntet werden oder Produkte in das Medium ausscheiden können sowie sich in nicht lebende Formen der Zelle umwandeln lassen. Die nicht lebenden Zellen können dann Teil der geernteten Zellmasse werden oder sich selbst auflösen (lysieren), um ihre Bestandteile in das Medium freizugeben.

Die zu Wachstum und Produktbildung benötigte Energie wird entweder durch Abbau eines Teils des Substrats oder durch Abbau des Zellmaterials selbst erhalten. Zusätzlich zu der für die Synthesereaktion erforderlichen Energie wird auch Energie benötigt, um die Zelle in einem lebensfähigen Zustand zu halten. Wie in Abb. 2.2 gezeigt ist, wird dieser Bedarf als Zellerhaltungsenergie bezeichnet, wenn man annimmt, daß die Energie aus dem Substrat erzeugt wird, oder aber endogene Respiration genannt, wenn durch das Auflösen von Zellbestandteilen Energie erzeugt wird (s. auch Abschn. 3.3). Überschüssige Energie wird als Wärme freigesetzt.

In Abb. 2.2 ist jeder Weg mit einem indizierten Buchstaben r beschriftet, um die Geschwindigkeit zu kennzeichnen, mit der die bezeichnete Reaktion abläuft (mit der Dimension „Masse an verbrauchtem Reaktanden oder gebildetem Produkt pro Stunde und Volumeneinheit"). Der Index läßt sich mnemotechnisch mit dem speziellen Reaktionsschritt korrelieren.

Die meisten dieser Geschwindigkeiten sind aus einer Serie von Prozeßschritten zusammengesetzt, die zu komplex ist, um noch numerisch gelöst zu werden, selbst wenn die Reaktionen genau bekannt sind. Um sie einfacher handhaben zu können, wird der Gedanke des limitierenden Substrats oder der limitierenden Substrate zu Hilfe genommen (s. Abschn. 3.2). Hierbei wird angenommen, daß von all den für das Wachstum benötigten Substratbestandteilen alle bis auf einen (oder höchstens zwei) im Überschuß vorhanden sind, und daß die Konzentration dieses einen oder der zwei „begrenzenden" Substrate die Gesamtrate der Reaktion bestimmt. Sind alle Substrate im Überschuß vorhanden (wie zu Beginn einer diskontinuierlichen Kultur), wird angenommen, daß die Zellen mit einer Maximalrate wachsen, die durch ihre innere Struktur und die Umgebungsbedingungen bestimmt ist, mit Ausnahme der Konzentration an löslichem Substrat.

2.5.2 Strukturierte Mechanismen

Der im vorangegangenen Abschnitt diskutierte unstrukturierte Modelltypus hat bei der Entwicklung unseres Verständnisses über Fermentationen die Hauptrolle gespielt. Er ist noch immer die Grundlage für eine technologische Betrachtungsweise biologischer Prozesse sowie für viele Forschungsarbeiten. Die Grenze diese Modelltyps liegt darin, daß es nicht möglich ist, unser beträchtliches Wissen über die in der Zelle ablaufenden Reaktionen anzuwenden, und daß wir unsere Möglichkeiten, Zellen auf spezielle Bestandteile hin zu analysieren, nicht nutzen können. Folglich können Modelle, die auf einem unstrukturierten Mechanismus basieren, möglicherweise eine Extrapolation zu größeren Maßstäben oder zu stark veränderten Umgebungsbedingungen verbieten, obwohl sie zur Interpolation zwischen experimentellen Ergebnissen eines spezifischen Fermenters geeignet sind.

Deshalb ist es notwendig, die zellulären Prozesse genauer zu analysieren. Übliche Verfahren betrachten einzelne Zellbestandteile und fassen andere in einer geringen Zahl allgemeiner Klassen zusammen. Einer der ersten und einfachsten dieser Mechanismen für das Zellwachstum geht auf Williams zurück. Abbildung 2.4 zeigt den Mechanismus in schematischer Form. Hier steht der umkreiste Buchstabe 'S' für das limitierende Substrat, 'D' ist der Syntheseapparat der Zelle (z.B. ihre Enzyme) und 'G' der genetische Teil. Folglich wird die Zelle hier aus nur zwei Bestandteilen zusammengesetzt betrachtet, die D-Masse und G-Masse genannt werden. Die durchgezogenen Linien der Abbildung stehen für die Reaktionsschritte und die unterbrochenen Linien für die Regelung der Reaktionsraten, die über die anteilige Konzentration der D-Masse und G-Masse erfolgt. In dem Modell, das Williams unter Anwendung dieses strukturierten Mechanismus entwickelte, wird angenommen, daß der Anteil der G-Masse nur zwischen zwei Grenzen liegen kann

- einer unteren Grenze, unterhalb derer die Zelle tot ist,
- einer oberen Grenze, oberhalb der sie sich teilt.

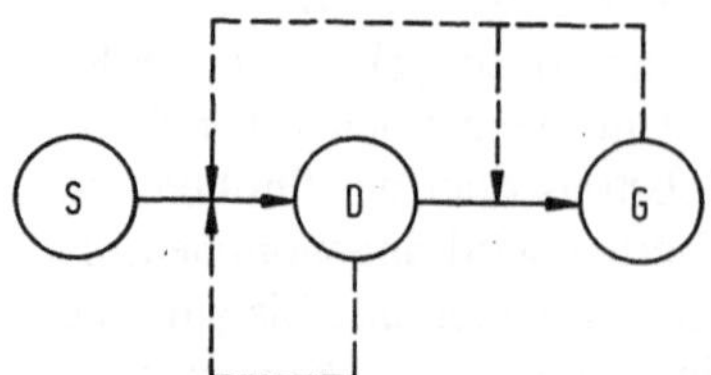

Abb. 2.4. Modell nach Williams für mikrobielles Wachstum, in welchem die gesamte Biomasse in G-Masse und D-Masse unterteilt ist. *S* ist das Substrat

Dieses Modell erwies sich als nützlich für die Vorhersage der Verzögerungsphase (Lagphase) bei der 'Batch-Kultur'. Schreibt man einen Teil der D-Masse der Produktbildung und einen Teil dem Zellwachstum zu, läßt sich der Mechanismus auch zur Beschreibung der Produktbildung anwenden.

Eine andere Form eines strukturierten Mechanismus, die manchmal hilfreich ist, betrachtet das ATP in der Zelle als separate Komponente. Dann läßt sich eine Erhaltungsgleichung formulieren, die die wesentlichen Mechanismen für den Verbrauch und die Erzeugung von ATP als Hauptterme enthält. Diese Näherung berücksichtigt einen großen Teil biologischer Information, die über die Energieübertragung in der Zelle verfügbar ist. Sie hat sich bei der Lösung diverser Probleme wie z.B. der Ausarbeitung von Modellen der Alkoholproduktion, der Zitronensäureproduktion, der Polysaccharidbildung etc. als nützlich erwiesen. Mehr Informationen über strukturierte Modelle sind in der Literatur verfügbar, dieser Text beschränkt sich auf unstrukturierte Modelle.

3 Gleichungen für die Reaktionskinetik

3.1 Allgemeine Grundlagen

Dieser Abschnitt beschränkt sich auf die Erläuterung der kinetischen Ausdrücke, die die Geschwindigkeiten der Erzeugung oder des Verbrauchs einer chemischen oder biologischen Spezies z.B. auf die Nährstoff-Konzentration in der Umgebung beziehen, sowie die Beschreibung des physikalischen Zustands dieser Umgebung. Die grundlegenden kinetischen Ausdrücke, die in den Gleichgewichten verwendet werden, haben entweder die Form

- einer spezifischen Geschwindigkeit auf der Basis der Zellmasse, multipliziert mit der Zellkonzentration in der Kontrollregion
- oder einer stöchiometrischen Konstanten, multipliziert mit einem Geschwindigkeitsausdruck
- oder einer Linearkombination beider.

Ein Beispiel für ersteres wäre die bekannte Beschreibung des Zellwachstums:

$$r_{\mathrm{x}} = \mu x,$$

wobei μ die spezifische Wachstumsrate der Zellen ist, mit der Dimension generierte Zellmasse pro Ausgangszellmasse und Stunde in [kg kg^{-1} h^{-1}], und x die Zellkonzentration in [kg m^{-3}] bedeutet.

Ein Beispiel für die zweite Form ist der allgemeine Ausdruck für eine wachstumsbezogene Produktbildung:

$$r_{\mathrm{p}} = \alpha r_{\mathrm{x}}.$$

Hier ist α der stöchiometrische Koeffizient aus Produktmasse pro eingesetzter Zellmasse in [kg kg^{-1}].

Ein Beispiel für den dritten (kombinierten) Typ der Geschwindigkeitsgleichungen ist die Luedeking-Piret Gleichung für die Produktbildung:

$$r_{\mathrm{p}} = \alpha r_{\mathrm{x}} + \beta x,$$

mit β als spezifischem Geschwindigkeitskoeffizienten aus Produktmasse pro Ausgangszellmasse und Stunde in [kg kg^{-1} h^{-1}].

Will man Beziehungen zwischen dem Substratverbrauch, dem Wachstum und anderen Zellfunktionen ableiten, muß deren biologische Grundlage zumindest in einer verallgemeinerten Form in Betracht gezogen werden. Dies ist ein wichtiger Aspekt der Modellerstellung, wobei mathematische Konzepte aus biologischer

Sicht verständlich sein müssen; ebenso lassen sich bei dem Versuch, mathematische Aussagen abzuleiten, häufig auch die biologischen Konzepte klären.

Mikroorganismen benötigen für drei Hauptaufgaben Substrate:

1. um neues Zellmaterial zu synthetisieren,
2. um extrazelluläre Produkte herzustellen,
3. zur Bereitstellung der notwendigen Energie
   a) für die Synthesereaktionen
   b) zur Erhaltung von Konzentrationen von Substanzen innerhalb der Zellen, die sich von der Umgebung unterscheiden
   c) für das Recycling (turnover) innerhalb der Zelle.

Folglich sind Wachstum, Substratverbrauch, Zellregeneration und Produktbildung eng miteinander verknüpft. Ebenso sind, wie später gezeigt wird, die verschiedenen Geschwindigkeitsausdrücke auch mathematisch verbunden.

Die Energie für die Zellreaktionen ist die chemische Energie des ATP oder ähnlicher Substanzen, die bei den meisten Fermentationen entweder aerob, durch die Substratoxidation durch molekularen Sauerstoff zu CO_2 und Wasser zur Verfügung gestellt wird (oxidative Phosphorylierung), oder anaerob durch Substratabbau zu einfacheren Produkten wie Ethanol, Milchsäure, CO_2 und Wasser etc., welche durch die Zelle ausgeschieden werden (sog. anaerobe Phosphorylierung). Die Produkte der anaeroben Phosphorylierung werden als Typ 1 Produkte bezeichnet.

Extrazelluläre Produkte schließen Bestandteile ein wie:

- Exoenzyme (um Substrat aufzubrechen, das die Zellwand nicht passieren kann),
- Polysaccharide (zur Zellaggregation) und
- spezielle Metaboliten (z.B. Antibiotika, deren Aufgabe es sein könnte, konkurrierende Mikroorganismen zu hemmen, im allgemeinen Fall ist ihre Funktion unbekannt)

Diese Produkte heißen Typ 2 Produkte.

Es kann sinnvoll sein, bei der Einteilung auch Typ 3 Produkte zu berücksichtigen. Hierbei handelt es sich um Substanzen, die dann erzeugt werden, wenn das Kohlenstoff-Substrat im Überschuß vorhanden ist, während andere Substrate wie Stickstoff oder Magnesium nur begrenzt verfügbar sind. Sie schließen zur Energiespeicherung verwendbare Bestandteile wie z.B. Glycogen oder Fett etc. ein, welche innerhalb der Zelle gespeichert, oder auch Polysaccharide etc., die aus der Zelle ausgeschieden werden. Diese Typ 3 Produkte werden von einigen Autoren für eine Energiesenke gehalten; Überschuß-ATP wird erzeugt, um limitierendes Substrat effizienter zu nutzen. Die Bildung von Typ 3 Produkten verbraucht dann die chemische Überschußenergie.

Die gesamte Energie, die zur Erhaltung der Konzentrationsgradienten, welche normalerweise zwischen den inneren und äußeren Zellen bestehen, und zur Durchführung der Umsetzungen, bei denen labile Zellkomponenten kontinuierlich rücksynthetisiert werden (z.B. für die vorgenannten Funktionen 3b und 3c), benötigt wird, wird in der Regel dem Bedarf an Zellerhaltungsenergie zugeschrieben. Diese wird nur dazu verwendet, die Zelle in einem lebenden Zustand zu halten und nicht, um Zellmaterial, Typ 2 oder Typ 3 Produkte zu erzeugen.

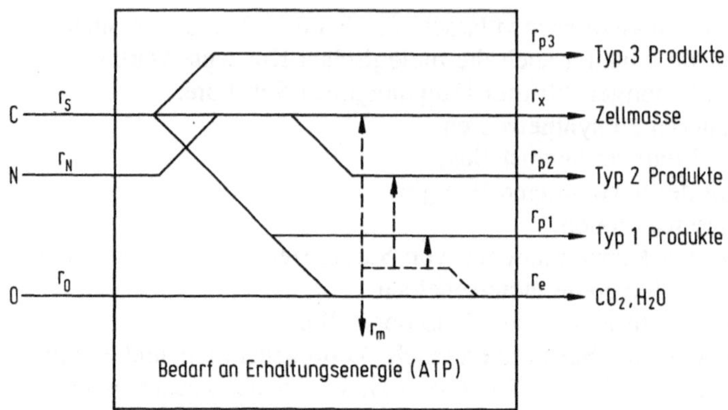

Abb. 3.1. Zell-Prozesse. r_N = Geschwindigkeit des Stickstoffverbrauchs; r_S = Geschwindigkeit des Verbrauchs von Kohlenstoff-Substrat; r_O = Sauerstoff-Verbrauchsrate; r_{p1} = Geschwindigkeit der Typ 1 Produktbildung; r_{p2} = entsprechend; r_{p3} = entsprechend; r_e = Geschwindigkeit der endogenen Respiration; r_x = Zellwachstumsrate; r_m = Geschwindigkeit, mit der Zellerhaltungsenergie erzeugt wird

Die allgemeinen Beziehungen zwischen den Flüssen von Zellen, Substraten, Energie und Produkten sind in Abb. 3.1 dargestellt. Dabei sind die in der Zelle ablaufenden Reaktionen schematisch gezeigt. Die durchgezogenen Linien stehen für Materialflüsse und die gebrochenen Linien für Energieflüsse in Form von ATP. Kohlenstoff-Substrat (C-Substrat) bildet endogene Produkte vom Typ 3 und verbindet sich mit Stickstoff-Substrat (N) unter Bildung von Zellmasse und Typ 2 Produkten. Alle diese Prozesse benötigen Energie. C-Substrat wird entweder anaerob zu Typ 1 Produkten umgewandelt oder aerob zu CO_2 und Wasser, um Energie für die vorgenannten Synthesen und zur Erhaltung zu liefern. Jeder dieser Ströme ist mit seiner Geschwindigkeit bezeichnet.

Im allgemeinen wird ein Satz von unabhängigen mathematischen Gleichungen eine einzige Lösung haben, wenn die Zahl der Unbekannten gleich der Zahl der verwendeten Gleichungen ist (z.B. benötigen wir zwei unabhängige Gleichungen, um zwei Unbekannte zu bestimmen usw.). Wenn wir, wie im vorliegenden Fall der Abb. 3.1, drei eintretende Materialflüsse (C, O, N) definieren, können wir drei unabhängige Massenbilanzen formulieren und ebenso die zellinterne ATP-Bilanz; folglich haben wir vier unabhängige Gleichungen. Definiert man acht Massenflüsse und einen Energiefluß, das sind insgesamt neun Geschwindigkeiten, lassen sich von fünf dieser neun die kinetischen Ausdrücke ermitteln. Die anderen vier müssen dann auf diese spezifizierten fünf kinetischen Ausdrücke bezogen werden.

Es ist üblich, unabhängige kinetische Ausdrücke für r_m, den Bedarf an Erhaltungsenergie, und r_x, die Wachstumsrate, zu formulieren. Weitere kinetische Ausdrücke, die man definieren könnte, sind die Geschwindigkeiten der Sauerstoffaufnahme und der Produktion von Typ 2 und Typ 3 Produkten, r_{p2} und r_{p3}.

In der Praxis ist eine Unterscheidung zwischen dem CO_2 und Wasser, das aus der oxidativen Phosphorylierung resultiert, r_C, und dem Typ 1 CO_2 nicht möglich. Deshalb wird dieser Fluß und die zugehörige Sauerstoff-Bilanz von der Analyse ausgenommen. Die resultierenden beiden Massenbilanzen und die eine ATP-Bilanz sind demnach:

$$r_s = r_{sx} + r_{sp1} + r_{sp2} + r_{sp3} + r_{sO} \tag{3.1}$$

$$r_N = r_{Nx} + r_{Np2} \tag{3.2}$$

$$a_x r_x + a_{p2} r_{p2} + a_{p3} r_{p3} + r_{mATP} = a_{p1} r_{p1} + a_O r_O, \tag{3.3}$$

wobei die verschiedenen indizierten ‘a’ in Gl. (3.3) stöchiometrische Koeffizienten bezogen auf ATP in [mol kg^{-1}] bedeuten.

Die Gl. (3.3) ist die ATP Bilanz. Es wird angenommen, daß kein ATP in der Zelle akkumuliert wird, und daß kein ATP durch „Durchschlupf“-Reaktionen, die zum Freiwerden von Wärmeenergie führen, verloren geht.

Folglich haben wir drei Gleichungen und sieben Geschwindigkeiten, so daß die anderen drei Geschwindigkeitsausdrücke automatisch folgen, wenn die kinetischen Gleichungen von vier Geschwindigkeiten unabhängig spezifiziert sind.

Eine unabhängig spezifizierte Geschwindigkeitsgleichung verknüpft die Geschwindigkeit des Substratverbrauchs oder der Produktbildung (einschließlich der Zellmasse) mit den Konzentrationen der verschiedenen Komponenten in der Umgebung der Zelle und den anderen Prozeßbedingungen wie pH, Temperatur etc. Solch eine Gleichung wird die allgemeine Form:

$$r = f(x; S_1, S_2, S_3 \ldots; C_1, C_2, C_3, \ldots) \tag{3.4}$$

haben, wobei

- r die Geschwindigkeit (üblicherweise in Masse pro Zeit- und Volumeneinheit des Mediums) bezeichnet und
- x die Konzentration der Mikroorganismen (in Masse pro Volumeneinheit).
- S_1, S_2 etc. sind die Konzentrationen der verschiedenen Substrate im Medium (in Masse pro Volumeneinheit) und
- C_1, C_2 etc. die Variablen für die Prozeßbedingungen.

Die Funktion f muß eine explizite Form besitzen. Diese Formen für spezielle Fälle zu ermitteln, ist ein Gegenstand aktueller Forschungsarbeiten. Verschiedene mögliche Ausdrücke für die Wachstumsrate werden im folgenden Abschnitt vorgestellt.

3.2 Zellwachstum und Inhibition

3.2.1 Monod-Kinetik

Viele der kinetischen Ausdrücke für Zellwachstum und Inhibition basieren auf Modellen, die in der Enzymkinetik verwendet werden. Das zugrundeliegende Prinzip ist das anerkannte Bild einer Zelle als chemischem Miniaturreaktor, in der ein komplettes Netzwerk von enzymkatalysierten Reaktionen Substrat in lebendes Zellmaterial und ausgeschiedene Biochemikalien umwandelt. Ein Teil eines solchen Netzwerks ist in Abb. 3.2 gezeigt.

Es wird angenommen, daß alle bis auf eines der Substrate, bezogen auf die Absorptionskapazität der Zelle, im Überschuß vorhanden sind, während dieses eine Substrat limitierend wirkt. Anders ausgedrückt: von all den verschiedenen Wegen, auf denen dieses Substrat in die Zellmasse eingebunden wird, wird ein Weg als langsamster angenommen und bestimmt somit die Geschwindigkeit der Gesamtreaktion. Zuletzt setzen wir für den geschwindigkeitsbestimmenden Reaktionsweg voraus, daß dabei ein Reaktionsschritt die Gesamtgeschwindigkeit beherrscht, so daß dieser der limitierende Reaktionsschritt ist. Folglich ist in dem vereinfachten Modell die Gesamtrate des Zellwachstums von diesem einen enzymatischen Reaktionsschritt abhängig und somit vom Einfluß der Konzentration an begrenzendem Substrat auf die Reaktionsgeschwindigkeit dieses Schritts.

Die einfachste dieser Gleichungen, die die Enzym-Reaktionsgeschwindigkeit mit der reaktionsbestimmenden Substratkonzentration in Beziehung setzen, ist die Michaelis-Menten Gleichung:

$$v = \frac{kES}{k_m + S} \tag{3.5}$$

in der v die Reaktionsgeschwindigkeit [kg m^{-3} h^{-1}], k die Geschwindigkeitskonstante [h^{-1}], E die Enzymkonzentration [kg m^{-3}] und k_m die Michaelis-Konstante [kg m^{-3}] bedeuten.

Das Produkt kE in Gl. (3.5) ist die Maximalrate, mit der die Reaktion ablaufen kann (wenn $S \gg k_m$ ist). Es wird oft als v_m bezeichnet.

Wenn wir eine Enzymreaktion dieses Typs als reaktionsbestimmenden Schritt identifizieren, und wenn wir außerdem annehmen, daß die Konzentration dieses

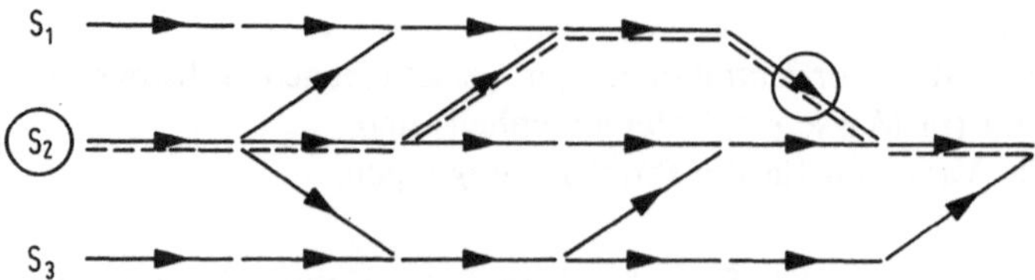

Abb. 3.2. Schematische Darstellung eines Reaktionsnetzwerks innerhalb einer Zelle. S = Substrat; ——▸—— = Reaktionsschritt; – – – – – = begrenzender Weg; ——⊛—— = limitierender Reaktionsschritt

reaktionsbegrenzenden Enzyms der Zellkonzentration proportional ist, während die Substratkonzentration für den geschwindigkeitsbestimmenden Schritt der limitierenden Substratkonzentration proportional ist, läßt sich eine ähnliche Gleichung formulieren, die klassische Monod-Gleichung für das Zellwachstum:

$$r_{\mathrm{x}} = \frac{\mu_{\mathrm{m}} S}{k_{\mathrm{s}} + S} x_{\mathrm{v}}, \tag{3.6}$$

mit

r_{x} = Zellwachstumsrate in [kg m^{-3} h^{-1}];
μ_{m} = maximale spezifische Wachstumsrate in [h^{-1}];
S = Konzentration an begrenzendem Substrat in [kg m^{-3}];
k_{s} = Substratsättigungskonstante in [kg m^{-3}] und
x_{v} = Konzentration an lebenden Zellen in [kg m^{-3}].

Diese Gleichung wird oft geschrieben als:

$$r_{\mathrm{x}} = \mu(S) x_{\mathrm{v}} \tag{3.7}$$

mit

$$\mu(S) = \frac{\mu_{\mathrm{m}} S}{k_{\mathrm{s}} + S}. \tag{3.8}$$

Normalerweise wird die spezifische Wachstumsfunktion $\mu(S)$ vereinfachend mit μ abgekürzt, sie hat die Dimension [h^{-1}].

Die verschiedenen Eigenschaften der Gleichung sind in Abb. 3.3 dargestellt. Insbesondere ist zu beachten (und durch eine Auswertung der Abbildung zu bestätigen), daß

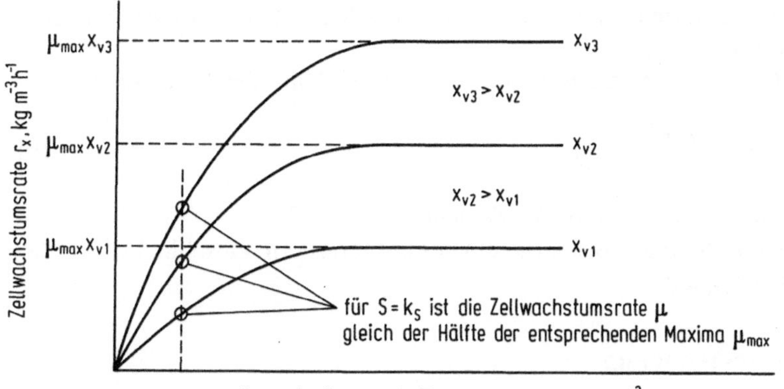

Abb. 3.3. Zellwachstumsrate als Funktion der Konzentration an limitierendem Substrat für die Monod-Kinetik

- sich die spezifische Wachstumsrate $\mu(S)$ dem Wert μ_m nähert, wenn die Substratkonzentration nicht geschwindigkeitsbestimmend ist. Das gilt für $S \gg k_s$. Die Wachstumsrate r_x wird unabhängig von S und einfach proportional zur Zellkonzentration x_v.
- die spezifische Wachstumsrate $\mu = \mu_m/2$ wird, wenn die Substratkonzentration numerisch gleich der Sättigungskonstanten k_s wird. Aus diesem Grund wird k_s oft als kritische Substratkonzentration bezeichnet.
- die spezifische Wachstumsrate annähernd proportional zur limitierenden Substratkonzentration ist, wenn S im Vergleich zu k_s klein wird.

Für Gl. (3.6) wurden Varianten entwickelt, die sich in speziellen Situationen öfter als nützlich erwiesen. Einige dieser Gleichungen werden unten aufgelistet.

3.2.2 Doppelte Substratlimitierung

Für den Fall, daß zwei Substrate, S_1 und S_2, vorhanden sind, die beide in so geringer Konzentration vorliegen, daß die Zellwachstumsrate durch beide Substrate begrenzt wird (z.B. wenn eine geringfügige Erhöhung einer der Substratkonzentrationen die Wachstumsrate erhöht), läßt sich schreiben:

$$\mu = \mu_m \frac{S_1}{k_{s1} + S_1} \frac{S_2}{k_{s2} + S_2} \tag{3.9}$$

Diese Gleichung vereinfacht sich zu Gl. (3.8), wenn irgendeine der begrenzenden Substratkonzentrationen groß im Vergleich zur entsprechenden Sättigungskonstanten wird.

3.2.3 Substratinhibition

Die oben aufgeführten Gleichungen besagen, daß die Zellwachstumsrate bis zu jedem beliebigen Wert mit der Substratkonzentration ansteigt. In der Praxis beginnt die Wachstumsrate normalerweise, oberhalb eines Schwellenwertes der Substratkonzentration abzufallen.

Dieser Effekt der Substratinhibition wird oft mit Hilfe der Gleichung:

$$\mu = \frac{\mu_m S}{k_s + S + (S/k_i)^2} \tag{3.10}$$

beschrieben, mit k_i als Inhibitionskoeffizienten.

Andere kinetische Ausdrücke, die einen Inhibitionsterm einschließen, werden im folgenden aufgeführt.

3.2.4 Wachstumshemmung

Es gibt eine Reihe von Substanzen, die das Wachstum hemmen. Die Einflüsse wachsender Inhibitorkonzentrationen spiegeln die Effekte der Enzyminhibitoren (Enzym-Reaktionshemmer) wieder. Deshalb lassen sich alle Gleichungen, die für die Enzyminhibitoren entwickelt wurden, auf das Modell der Zellwachstumshemmung anwenden. Darunter sind:

$$\mu = \frac{\mu_m S}{k_s + S}(1 - k_i I) \tag{3.11}$$

$$\mu = \frac{\mu_m S}{k_s + S} \frac{k_i}{(k_i + I)} \tag{3.12}$$

$$\mu = \frac{\mu_m S}{k_s + S} \exp(-k_i I) \tag{3.13}$$

In diesen Gleichungen bezeichnet I die Inhibitorkonzentration und k_i die Inhibitionskonstante.

Es ist zu beachten, daß die Koeffizienten k_i in den verschiedenen Gleichungen nicht die gleiche Bedeutung (oder Einheit) besitzen. Die Wahl zwischen ihnen ist teilweise eine Frage des Komforts (eine Gleichung kann leichter zu handhaben sein als eine andere) und teilweise abhängig von aktuellen Beobachtungen, die mit ausreichender Genauigkeit über einen hinreichend großen Wertebereich der Inhibitorkonzentration durchgeführt werden müssen. Wenn die Beobachtungen nicht sehr genau sind, oder wenn nur ein begrenzter Datenbereich verfügbar ist, sind diese (und andere) Ausdrücke gleichwertig – wie der Leser schnell durch Reihenentwicklung der Gl. (3.12) und (3.13) verifizieren kann.

Es gab Versuche, diese Effekte in die kinetischen Ausdrücke für das Zellwachstum zu integrieren, anstatt sie als getrennte Phänomene zu behandeln, wie z.B. durch Contois, der vorschlug,

$$\mu = \frac{\mu_m S}{Bx + S}$$

zu setzen, wobei B ein Koeffizient ist, mit der Dimension [kg Substrat/kg Biomasse].

Im allgemeinen ist es wichtig, sich grundlegender Prinzipien der Modellerstellung zu erinnern – den Ausdruck zu verwenden, der die beobachteten Fakten am besten wiedergibt und mit physikalischem und biologischem Denken übereinstimmt.

3.3 Zellerhaltung und endogene Respiration

3.3.1 Erhaltungsenergie

Die Erhaltungsenergie ist derjenige Teil des Energiebedarfs der Zelle, der dazu verwendet wird, um die Zelle in einem lebenden Zustand zu halten, z.B. um die Zellbestandteile zu erzeugen, die kontinuierlich abgebaut werden (turnover), und um die Konzentrationsgradienten zwischen dem Zellinneren und -äußeren aufrecht zu erhalten (osmotische Arbeit). Die Verbrauchsrate für das Substrat, das die Energie zur Erhaltung zur Verfügung stellt, wird als r_{sm} in [kg m^{-3} h^{-1}] bezeichnet. Der einzige allgemein anerkannte kinetische Ausdruck für den Bedarf an Erhaltungsenergie lautet:

$$r_{sm} = m_s x_V, \tag{3.14}$$

mit der Geschwindigkeitskonstanten m_s für Substratmasse pro Zellmasse und Zeit in [kg kg^{-1} h^{-1}].

Alternativ läßt sich die Erhaltungsgleichung auch bezogen auf das ATP ausdrücken:

$$r_{mATP} = m_{ATP} x_V, \tag{3.15}$$

wobei r_{mATP} den ATP-Bedarf in [mol m^{-3} h^{-1}] und mATP die Geschwindigkeitskonstante bezogen auf ATP pro Zellmasse und Zeit in [mol kg^{-1} h^{-1}] darstellt.

Der Wert der Geschwindigkeitskonstanten m_s kann zwischen 0.02 und 4 kg Substrat pro kg Zellen und Stunde liegen, Werte für mATP zwischen 0.05 und über 200 mol. Selbstverständlich kann die Erhaltungsenergie einen wesentlichen Teil des gesamten Energieverbrauchs ausmachen.

Der Wert des Erhaltungsenergie-Koeffizienten m_s wird von den Umgebungsbedingungen der Zelle sowie deren Wachstumsrate abhängen. Ein Großteil der Zellerhaltungsenergie wird für die osmotische Arbeit benötigt, so steigt m_s stark mit zunehmender Salzkonzentration. Der pH-Wert hat ebenfalls einen deutlichen Einfluß. Die schnellste Umsetzung von Zellprotein erfolgt dann, wenn die Zelle ihr Enzymspektrum an die veränderten Umgebungsbedingungen adaptiert. Bei konstanten Wachstumsbedingungen ist der Wert der Erhaltungsenergie für die Zellregenerierung (turnover) klein, stoppt jedoch das Wachstum oder paßt sich die Zelle an Substratveränderungen oder an einen Wachstums-Stillstand an, wird dieser signifikanter. Bisher wurden diese Effekte kaum quantifiziert und es gibt keine kinetischen Ausdrücke für m_s in Abhängigkeit von der Zusammensetzung des Reaktionsmediums, die den kinetischen Gleichungen für das Zellwachstum vergleichbar wären.

3.3.2 Endogene Respiration

Die endogene Respiration liefert einen alternativen Weg, die Bereitstellung von Erhaltungsenergie für die Lebensfähigkeit der Zelle zu betrachten. Es wird angenommen, daß die Erhaltungsenergie durch Oxidation oder Degradation von Zellmasse zur Verfügung gestellt wird. Diese Näherung erzeugt häufig konzeptionelle Probleme. Sie ist klar verständlich, wenn keine andere Energiequelle vorhanden ist, z.B. wenn die externe Substratzufuhr unterbrochen ist, aber weniger klar bei einem Überschuß an externem energieliefemdem Substrat. Die Geschwindigkeitsgleichung lautet:

$$r_e = k_e x_V, \tag{3.16}$$

mit r_e, der endogenen Respirationsrate der Zellmasse in [kg m^{-3} h^{-1}] und der Geschwindigkeitskonstanten k_e für verbrauchte Zellmasse pro verfügbarer Zellmasse und Zeit in [kg kg^{-1} h^{-1}].

Man sollte sich vor Augen halten, daß die beiden Verbrauchsterme r_{sm} und r_e in unterschiedlichen Bilanzgleichungen auftreten, je nachdem ob man das Konzept der Erhaltungsenergie oder der endogenen Respiration verwendet.

Bei Verwendung des Erhaltungskonzepts erscheint r_{sm} in der Substratbilanz, während bei Verwendung des Konzepts der endogenen Respiration r_e in der Bilanz für die Zellmasse erscheint.

Jedoch existiert kein praktischer Unterschied zwischen den resultierenden Gleichungssätzen; man kann einen in den anderen umwandeln, wenn man k_e gegen $m_s Y_{x/s}$ austauscht, mit $Y_{x/s}$ als der Ausbeute an Biomasse bezogen auf die Substratmasse. Dies ist nur dann nicht möglich, wenn die externe Substratzufuhr kleiner als der Erhaltungsbedarf ist. Unter diesen Bedingungen bricht das Erhaltungskonzept zusammen, weil es einen einfachen Wachstumsstop voraussagt, während das endogene Konzept die experimentellen Beobachtungen richtig beschreibt, nämlich eine Abnahme der Zellmasse mit der Zeit. Komplexere Modelle, die einen Wechsel im energieliefernden Mechanismus in Abhängigkeit von den externen Bedingungen enthalten, können beide Näherungen möglicherweise in Einklang bringen.

3.4 Zelltod

Es gibt offenbar eine natürliche Rate, mit der Zellen „avital" werden, z.B. wenn sie unfähig werden zu wachsen und sich zu reproduzieren. Manchmal sind die Zellen wirklich tot und können sich nur noch auflösen, manchmal verfallen die Zellen in einen Zustand des „Scheintods", ohne bei kommerziellen biotechnologischen Prozessen im betrachteten Zeitintervall in einen lebensfähigen Zustand zurückzukehren. Deshalb wird hier im Kontext das Wort „lebend" eher im Sinn von aktiv und somit in etwas anderem Sinn verwendet als von Mikrobiologen. Um dies kinetisch auszudrücken, wird angenommen, daß die Konversionsrate in die nicht-lebende Form zur Masse der lebenden Zellen direkt proportional ist. Es gilt:

$$r_d = k_d x_v, \tag{3.17}$$

mit der Konversionsrate r_d der Zellmasse in die inaktive Form in [kg m^{-3} h^{-1}], der Konzentration der lebenden Zellen x_v [kg m^{-3}] und der Geschwindigkeitskonstanten k für den Anteil inaktiver Zellmasse pro Zellmasse und Zeit in [kg kg^{-1} h^{-1}].

Über den Einfluß der Prozeßbedingungen auf die Geschwindigkeitskonstante k_d ist wenig bekannt. Dies gilt auch für die Schereinwirkung auf Myzelien oder tierische Zellen.

3.5 Produktbildung

3.5.1 Klassifizierung

In Abschn. 3.1 wurden die Produkte bereits teilweise klassifiziert, basierend auf ihrer Beziehung zu den Zellprozessen und ihren unter Normalbedingungen beobachteten Massenflüssen aus der Zelle hinaus. Diese Methode der Produktklassifizierung wird nun ausgeweitet.

Produktklassifizierung:

Typ 1 Produkte des Energiestoffwechsels, z.B. Nebenprodukte der grundlegenden Prozesse der Energieerzeugung in der Zelle

Typ 2 Extrazelluläre Produkte, die aus der Zelle ausgeschleust werden

Typ 3 Energiespeicher-Komponenten

Typ 4 Zellbestandteile. Dies sind alle Komponenten, die in der gesamten Zelle vorhanden sind, sie lassen sich zufriedenstellend in zwei Untergruppen einteilen:

Typ 4a Produkte, die aus den geernteten Zellen durch Aufbrechen der Zelle zurückgewonnen werden müssen

Typ 4b Produkte, die in die Umgebung der Zelle austreten, weil sie in der Zelle im Überschuß gebildet werden, oder wegen Defekten in der Zellwand.

In der Literatur werden viele andere Klassifikationsschemata vorgeschlagen. Eines der ersten und besser verwendbaren Schemen stammt von Gaden, der die Produktbildung unter Unterscheidung von drei großen Gruppen zum Energiestoffwechsel in Beziehung setzte:

I Produkte, die aus dem primären Energiestoffwechsel resultieren, analog zu den Typ 1 Produkten (s. oben)

II Produkte, die indirekt aus dem Energiestoffwechsel entstehen (z.B. intermediäre Metaboliten)

III Komplexe Moleküle, die nicht direkt aus dem Energiestoffwechsel resultieren, analog zu Typ 2.

Diese Produktklassifikation hat auch zu einer brauchbaren kinetischen Klassifizierung geführt, die auf einfachen, in der Praxis nützlichen kinetischen Modellen basiert. Jede Klasse ist wie folgt mit einer einfachen Geschwindigkeitsgleichung verknüpft:

I wachstumsverknüpft $r_p = \alpha r_x$ (3.18)

II durch gemischte Kinetik $r_p = \alpha r_x + \beta x_v$ (3.19)

III nicht wachstumsverknüpft $r_p = \beta x_v.$ (3.20)

3.5.2 Kinetische Modelle der Produktbildung

Ein einfaches kinetisches Modell für die Produktbildung, das als Basis für eine kinetische Klassifizierung der Produkte diente, wurde von Luedeking und Piret für die Fermentation von Milchsäure vorgeschlagen. Es gilt:

$$r_{\mathrm{p}} = \alpha r_{\mathrm{x}} + \beta x_{\mathrm{v}}$$

welches unter Verwendung von Gl. (3.6) für das Zellwachstum erweitert wird zu:

$$r = \alpha \left[\frac{\mu_{\mathrm{m}} S}{k_{\mathrm{s}} + S} + \beta \right] x. \tag{3.21}$$

Dieser Ausdruck wurde ursprünglich als empirisches Modell vorgeschlagen (d.h. gute Übereinstimmung mit den experimentellen Daten, aber kein Zugrundeliegen theoretischer Prinzipien), es kann aber aus unserem grundlegenden Bild der Zellprozesse (Abschn. 3.1) wie folgt abgeleitet werden:

Die ATP Bilanz für ein Typ 1 Produkt wie die Milchsäure ($r_{\mathrm{p2}} = r_{\mathrm{p3}} = 0$), die unter anaeroben Bedingungen gebildet wird ($r_{\mathrm{O}} = 0$), lautet:

$$a_{\mathrm{x}} r_{\mathrm{x}} + r_{\mathrm{mATP}} = a_{\mathrm{p1}} r_{\mathrm{p1}}, \tag{3.22}$$

da aber $r_{\mathrm{mATP}} = m_{\mathrm{ATP}} x_{\mathrm{v}}$ (s. Gl. (3.15)), ergibt sich:

$$r_{\mathrm{p1}} = \frac{a_{\mathrm{x}}}{a_{\mathrm{p1}}} r_{\mathrm{x}} + \frac{m_{\mathrm{ATP}}}{a_{\mathrm{p1}}} x_{\mathrm{v}}. \tag{3.23}$$

Somit entsprechen die beiden Terme der Luedeking-Piret Gleichung (3.21) der Produktbildung, gekoppelt mit Wachstum und Zellerhaltung.

Diese theoretisch begründete Version der Gl. (3.19) besagt, daß wir für eine hohe Effizienz der Typ 1 Produktbildung unter diesen Bedingungen einen Organismus mit hohem Erhaltungsbedarf (m_{ATP}) und einer geringen ATP-Erzeugung pro Einheit an erzeugtem Typ 1 Produkt (a_{p1}) benötigen. Für eine umfassende Betrachtung ist allerdings diese Gleichung zusammen mit denen für das Wachstum und den Substratverbrauch zu betrachten. Wird die Synthese von Biomasse zu sehr beeinträchtigt, so wird der Prozeß durch die geringe Biomassekonzentration limitiert.

Diese Ableitung der Gleichung erklärt auch, warum das Bakterium *Zymomonas mobilis* ein effizienterer Produzent von Ethanol, einem anderen Typ 1 Produkt, ist als die Hefe *Saccharomyces cerevisiae*. Zunächst hat das Bakterium einen höheren Erhaltungsbedarf, publizierte Werte für m_{ATP} liegen für das Bakterium zwischen 14 und 25 mal höher als die entsprechenden Werte der Hefe. Zweitens verwendet das Bakterium einen weniger effizienten Weg der Zuckerspaltung zur ATP-Erzeugung; für das Bakterium ist $a_{\mathrm{p1}} = 0.5$ kmol ATP pro kg erzeugtem Ethanol, während der Wert für die Hefe 1 beträgt.

Die Erzeugung anderer Produkte kann auf gleiche Weise angenähert werden. Wir erhalten z.B. aus Gl. (3.3) für die Typ 2 Produktbildung:

$$r_{\mathrm{p2}} = \frac{a_{\mathrm{O}}}{a_{\mathrm{p2}}} r_{\mathrm{O}} - \frac{m_{\mathrm{ATP}}}{a_{\mathrm{p2}}} x_{\mathrm{v}} - \frac{a_{\mathrm{x}}}{a_{\mathrm{p2}}} r_{\mathrm{x}}. \tag{3.24}$$

Wir können diese Gleichung qualitativ so interpretieren, daß für eine maximale Produktbildungs-Effizienz das Zellwachstum (der dritte Term rechts) unterdrückt werden sollte und die Sauerstoffaufnahme (der erste Term rechts) maximiert. Substrat sollte nur zur Erhaltung und zur Produktbildung entsprechend der folgenden

Gleichung bereit gestellt werden:

$$r_s = \left[\frac{1}{Y_{p2/s}} + \frac{a_{p2}}{a_O}\frac{1}{Y_{O/s}}\right] r_{p2} + \frac{m_{ATP}}{a_O}\frac{x_v}{Y_{O/s}}. \tag{3.25}$$

Dieser Ausdruck läßt sich durch Substitution von r_O aus Gl. (3.3) in Gl. (3.1) unter Verwendung von:

$$r_x = r_{p1} = r_{p3} = 0$$

$$r_{sp2} = \frac{r_{p2}}{Y_{p2/s}} \quad \text{und} \quad r_{sO} = \frac{r_O}{Y_{o/s}}$$

ableiten. Die Ausformulierung dieser stöchiometrischen Beziehungen zwischen den Geschwindigkeiten wird genauer in Abschn. 3.6 diskutiert.

Kinetische Modelle für die Produktbildung lassen sich auch aus dem strukturierten Mechanismus für das Zellwachstum, welcher in Abschn. 2.4 besprochen wurde, ableiten. Bisher wurde dieser Bereich wenig bearbeitet, er wird aber wahrscheinlich in den nächsten Jahren zunehmend an Bedeutung gewinnen. Im allgemeinen verwendet man irgendeinen meßbaren Zellbestandteil wie z.B. die RNA, welche die Fähigkeit zur Produktsynthese hat, und formuliert Geschwindigkeitsgleichungen, die die Produktions- und Abbaurate speziell dieses Zellbestandteils beschreiben.

Das Modell kann dann ausgeweitet werden, um beispielsweise die Enzymproduktion zu erfassen, indem man diese mit Hilfe eines Monod-ähnlichen Ausdrucks zur RNA-Konzentration in Beziehung setzt (die Zellkonzentration wird durch die RNA-Konzentration und das normale Substrat durch die Precursor-Konzentration ersetzt). Um die RNA-Bildung auf die Induktor-Komponenten im Medium zu beziehen, benötigt man komplexere Modelle. Folglich kann das gesamte Modell mit all seinen Verzweigungen recht komplex werden, obwohl die einzelnen Geschwindigkeitsgleichungen einfach sein mögen.

3.5.3 Produktinhibition und -abbau

Produkte, die eine ausreichend hohe Konzentration im Medium erreichen, können ihre eigene Bildung hemmen und eventuell stoppen. Dieses Phänomen ist bei der Ethanol-Produktion wohlbekannt, bei der es die Stärke der durch Fermentation hergestellten alkoholischen Getränke begrenzt. Die kinetischen Gleichungen für eine solche Inhibition spiegeln die in Abschn. 3.2 beschriebenen Ausdrücke für die Zellwachstumshemmung wider. In diesen Gleichungen muß nur die Inhibitorkonzentration I durch die Produktkonzentration P ausgetauscht werden.

Folglich läßt sich ein sehr weitverbreiteter Ausdruck zur Beschreibung der Inhibition bei der Ethanolproduktion aus Gl. (3.19) erhalten, indem man einen Produktinhibitionsterm einführt. Dies ergibt:

$$r_p = \left(1 - \frac{P}{P_m}\right)(\alpha r_x + \beta x_v)\,, \tag{3.26}$$

wobei P_m die maximal erreichbare Ethanol-Konzentration bedeutet.

Die Produkte können aus dem Medium entweder durch – normalerweise enzymatischen – Abbau oder unter Verwendung als Substrat durch die Zellen entfernt werden, wenn deren normales Substrat erschöpft ist. Der Verbrauch eines Produkts als Substrat folgt der normalen Kinetik für Substrataufnahme, während für die Degradation des Produkts eine Reaktion erster Ordnung vorausgesetzt wird, wenn genauere Kenntnisse darüber fehlen.

3.6 Substratverbrauch

Substrat wird, wie in Abschn. 3.1 diskutiert, dazu verwendet, Zellmaterial sowie Stoffwechselprodukte herzustellen. Die Geschwindigkeit des Substratverbrauchs wird stöchiometrisch zu den Bildungsgeschwindigkeiten dieser Materialien in Beziehung gesetzt. In einigen Fällen ist es möglich, die chemischen Gleichungen zu formulieren, z.B. lautet die Gleichung für die Ethanol-Produktion aus Glucose:

$$C_6H_{12}O_6 \longrightarrow 2\ C_2H_5OH + 2\ CO_2,$$

aus der einfach zu berechnen ist, daß aus 1 kg Glucose 0,51 kg Ethanol gebildet werden. Schreiben wir, wie in diesem Fall, für die Geschwindigkeit der Produkt (Ethanol)bildung r_p und für die Geschwindigkeit der Substrataufnahme zur Produktbildung r_{sp}, so ist:

$$r_{sp} = \frac{r_p}{0,51}, \tag{3.27}$$

allgemeiner:

$$r_s = \frac{r_p}{Y_{p/s}}. \tag{3.28}$$

Hier ist $Y_{p/s}$ der Ausbeutekoeffizient für das Produkt bezogen auf das Substrat, mit den Dimensionen kg gebildetes Produkt je kg Substrat, das in Produkt umgewandelt wurde [kg/kg].

Das anaerobe Zellwachstum könnte aus verallgemeinerter Beobachtung auch beschrieben werden durch:

$$CH_2O + 0,2\ NH_4^+ + e^- \longrightarrow CH_{1,8}O_{0,5}N_{0,2} + 0,5\ H_2O.$$

Dabei steht CH_2O für das Kohlehydrat-Substrat und NH_4^+ für das Stickstoff-Substrat. $CH_{1,8}O_{0,5}N_{0,2}$ ist eine angenäherte Formel für viele Zellen (Phosphor und andere Elemente, die in viel geringeren Anteilen vorkommen, wurden vernachlässigt).

Daraus läßt sich leicht berechnen, daß je kg Kohlehydrat-Substrat 0,82 kg Zellen gebildet werden, und 8,8 kg Zellen pro kg Stickstoff. So können wir wie oben schreiben:

$$r_{sx} = \frac{r_x}{0,82} \quad \text{oder} \quad = \frac{r_x}{Y_{x/s}} \tag{3.29}$$

und

$$r_{\mathrm{Nx}} = \frac{r_{\mathrm{x}}}{8{,}8} \quad \text{oder} \quad = \frac{r_{\mathrm{x}}}{Y_{\mathrm{x/N}}} \tag{3.30}$$

wobei

- r_{sx} die Geschwindigkeit des Kohlehydratverbrauchs für das Zellwachstum bedeutet,
- r_{Nx} die Geschwindigkeit des Stickstoffverbrauchs für das Zellwachstum,
- r_{x} ist die Zellwachstumsrate,
- $Y_{\mathrm{x/s}}$ der Ausbeutekoeffizient für Zellen bezogen auf Kohlehydrat und
- $Y_{\mathrm{x/N}}$ der Ausbeutekoeffizient für die Zellen bezogen auf Stickstoffsubstrat.

Es ist wichtig, diese Ausbeutekoeffizienten nicht mit „Ausbeuten" zu verwechseln, über die in der Literatur normalerweise berichtet wird.

Ein Ausbeutekoeffizient ist eine stöchiometrische Konstante, die auf der chemischen Gleichung beruht, mit der die Reaktanden und Produkte zueinander in Beziehung gesetzt werden, während die Ausbeute das Verhältnis eines Produkts zu einem Reaktanden darstellt, welcher an vielen Reaktionen, die eine Vielzahl von Produkten bilden, teilnehmen kann. So wird die „Ausbeute" bei einer normalen Fermentation, bei der sowohl das Zellwachstum als auch die Produktbildung Substrat verbrauchen, bezogen auf das insgesamt verbrauchte Substrat berechnet. Wir können dies anhand eines speziellen Beispiels illustrieren.

Bei der anaeroben Fermentation von Hefe wird die zur Synthese benötigte Energie durch die Ethanol-Bildung zur Verfügung gestellt.

Verwendet man die Nomenklatur von Abschn. 3.1, lassen sich die Ausbeuten für die Zell- und Ethanol-Reaktion wie folgt formulieren:

- a_{x} = kmol benötigtes ATP pro kg gebildeter Zellen
- a_{p1} = kmol produziertes ATP pro kg gebildetem Ethanol (folglich ist $a_{\mathrm{x}}/a_{\mathrm{p1}}$ der Anteil an gebildetem Ethanol pro kg gebildeter Zellen)
- $Y_{\mathrm{x/s}}$ = Ausbeute-Koeffizient für Zellen bezogen auf Kohlehydrat = 0,82
- $Y_{\mathrm{p/s}}$ = Ausbeute-Koeffizient für Ethanol bezogen auf Kohlehydrat = 0,51.

Für die Zellausbeute:

Die Bildung von 1 kg Zellen verbraucht 1/0,82 kg Kohlehydrat, unter Verwendung der durch die Produktion von $a_{\mathrm{x}}/a_{\mathrm{p1}}$ kg Ethanol freigesetzten Energie. Der Anteil des für das Ethanol benötigten Kohlehydrats beträgt $(a_{\mathrm{x}}/a_{\mathrm{p1}})/0{,}51$, so daß für die Produktion von 1 kg Zellen insgesamt:

$$\frac{1}{0{,}82} + \frac{a_{\mathrm{x}}}{0{,}51 a_{\mathrm{p1}}} \quad \text{kg Kohlehydrat verbraucht werden.}$$

Die Zellausbeute ist demnach:

$$\frac{1}{(1/0{,}82) + \left(a_x/0{,}51 a_{pl}\right)}.$$

Für typische Werte von $a_x = 0{,}095$ und $a_{pl} = 1/46$ wird danach für die Zellausbeute ein Wert von 0,102 berechnet.

Analog für Ethanol:
Die Bildung von 1 kg Ethanol verbraucht 1/0,51 kg Kohlehydrat und erzeugt genug Energie, um a_{pl}/a_x kg Biomasse zu bilden. Diese verbraucht $(a_{pl}/a_x)/0{,}82$ kg Kohlehydrat; die gesamte Ethanol-Ausbeute beträgt dann unter Verwendung der oben genannten Werte:

$$\frac{1}{(1/0{,}51) + \left(a_{pl}/0{,}82 a_x\right)} = 0{,}446.$$

Dieser Ausdruck für die Ethanol-Ausbeute wird häufig als 87% (0,446/0,51) der theoretischen (stöchiometrischen) Ausbeute angegeben. Es ist zu beachten, daß kein Term für den Bedarf an Erhaltungsenergie enthalten war, welcher die effektiven Ausbeuten für die Zellen verringern und für Ethanol vergrößern würde (Gl. (3.23)).

Die Geschwindigkeiten des gesamten Substratverbrauchs sind als Summe der Geschwindigkeiten des Substratverbrauchs für die verschiedenen Produkte, einschließlich der neuen Zellen wie in Abb. 3.1 gezeigt, ausgedrückt. Wird die Energie für die Zell- und Produktsynthese, wie auch für die Zellregeneration, durch oxidative Phosphorylierung zur Verfügung gestellt, dann sind CO_2 und Wasser unter den Produkten. Unglücklicherweise sind sie auch unter den Produkten der Synthesereaktionen und es ist nicht möglich zu bestimmen, wieviel aus den unterschiedlichen Quellen stammt. Jedoch kann die Substratfreisetzung für die oxidative Phosphorylierung aus der Stöchiometrie der Verbrennungsreaktion bestimmt werden, wenn die Aufnahmerate für den Sauerstoff bekannt ist.

So verwenden wir für die Oxidation von Glucose zu CO_2 und Wasser mit molekularem Sauerstoff 32 kg Sauerstoff je 30 kg verbrauchter Glucose. Dann ist der Ausbeutekoeffizient für das für den Sauerstoff benötigte Substrat, $Y_{O/s} = 1{,}067$, und die Geschwindigkeit der Substrataufnahme für diesen Zweck ist gegeben durch:

$$r_{sO} = \frac{r_O}{Y_{O/s}}. \tag{3.31}$$

Wenn die Sauerstoff-Aufnahmerate für die oxidative Phosphorylierung nicht bekannt ist, muß das Substrat, das zur Erzeugung der für die Synthese benötigten Energie erforderlich ist, entsprechend der chemischen Gleichung in den Substratbedarf für die Synthese selbst einbezogen werden. Die beiden Anteile des Substratbedarfs werden zusammengefaßt. Um zwischen $Y_{a/s}$ und einem wahren stöchiometrischen Koeffizienten zu unterscheiden, bezeichnen wir diesen als Ausbeutefaktor, da er sowohl den elementaren Energiebedarf als auch den Energiebedarf für die Synthese der Komponente 'a' einschließt. Im Kontext wird normalerweise bestimmt, welche der beiden Beschreibungen angewendet wurde, das Symbol $Y_{a/s}$ wird nahezu ununterscheidbar für beides verwendet. Wenn es erforderlich ist, zwischen beiden Faktoren zu differenzieren, wird der Ausbeutefaktor als $Y'_{a/s}$ bezeichnet.

In solchen Fällen, wo wir nicht explizit die Geschwindigkeit für die Sauerstoffaufnahme verwenden, wird für den Substratbedarf, der benötigt wird, um Energie zur Zellerhaltung bereitzustellen, eine Reaktion erster Ordnung bezüglich der Zellkonzentration angenommen, d.h.:

$$r_{sm} = m_s x_v. \tag{3.14}$$

Folglich lautet die allgemeinere Gleichung für den Substratverbrauch (Gl. 3.1):

$$\begin{aligned} r_s &= r_{sx} + r_{sp1} + r_{sp2} + r_{sp3} + r_{sm} \\ &= \frac{r_x}{Y'_{x/s}} + \frac{r_{p1}}{Y'_{p1/s}} + \frac{r_{p2}}{Y'_{p2/s}} + \frac{r_{p3}}{Y'_{p3/s}} + m_s x_v. \end{aligned} \tag{3.32}$$

Jeder Energieverlust durch die Schlupfreaktion *ATP* → *ADP* → *AMP* (mit daraus folgenden zusätzlichen Wärmeverlusten) beeinflußt die Werte der Parameter $Y'_{a/s}$ und m_s.

3.7 Umgebungseffekte

3.7.1 Temperatureffekte

Die einzelnen Reaktionen, die innerhalb der Zelle ablaufen, werden auf die bekannte Art durch die Temperatur beeinflußt, z.B. ist die Geschwindigkeitskonstante für eine Reaktion durch die Arrhenius-Gleichung gegeben, in der Form:

$$k = A \exp(-E/RT), \tag{3.33}$$

wobei E die Aktivierungsenergie, T die absolute Temperatur und A eine Konstante bedeuten. Da eine große Zahl von Reaktionen das Wachstum und die Produktbildung innerhalb der Zelle beeinflußt, ist der Temperatureinfluß auf die Gesamtraten komplex. Ein zusätzlicher, verkomplizierender Faktor ergibt sich aus dem Einfluß der Temperatur auf die Konformation der Enzymproteine. In einem engen Temperaturbereich können sehr schnelle Aktivitätsänderungen stattfinden.

In einem unstrukturierten Modell ist es üblich, die Parameter in den Geschwindigkeitsgleichungen als Arrhenius-Funktionen auszudrücken, z.B. wird die Monod-Gleichung für das Zellwachstum (Gl. 3.6) zu:

$$r_x = \frac{\mu_m(T) S}{k_s(T) + S} x_v, \tag{3.34}$$

die darauf hinweist, daß sowohl μ_m als auch k_s temperaturabhängig sind. Bei der Kurvenanpassung an typische experimentelle Daten wird gefunden, daß diese

Funktionen üblicherweise die folgende Form haben:

$$\mu_m(T) = A_1 \exp(-E_1/RT) - A_2 \exp(-E_2/RT) \tag{3.35}$$

und

$$k_s(T) = A_3 \exp(-E_3/RT). \tag{3.36}$$

In Gl. (3.35) für die maximale spezifische Wachstumsrate μ_m steht der erste Term rechts für die allgemeine Reaktivitätszunahme mit der Temperatur, während der zweite Term (der normalerweise eine viel höhere Aktivierungsenergie aufweist als der erste) mit einer schnellen Abnahme der Enzymaktivität oberhalb eines Schwellenwerts der Temperatur verknüpft ist.

Die „optimale" Temperatur resultiert aus dem Zusammenspiel dieser beiden Effekte. Ihr aktueller Wert ändert sich in Abhängigkeit vom Typ der Mikroorganismen stark. Während die meisten Mikroorganismen optimale Temperaturen im Bereich der Umgebungstemperatur zeigen, können spezialisierte Organismen Temperaturoptima für nahezu alle Temperaturen aufweisen, bei denen flüssiges Wasser existieren kann. Jedoch ist das relative Verhalten bei Temperaturen ober- und unterhalb des Optimums für alle Organismen ähnlich.

Ein typischer Verlauf für $\mu_m(T)$ gegen T ist in Abb. 3.4 gezeigt. Liegt eine Arrhenius-Beziehung vor, bildet der Graph von ln (kinetischer Parameter) gegen $1/T(K^{-1})$ entweder eine Gerade oder ist aus der Summe bzw. Differenz zweier oder mehrerer Geraden zusammengesetzt. Abbildung 3.5 zeigt solche Beziehungen.

Da die Aktivierungsenergien für die verschiedenen Reaktionsschritte und Konformationsänderungen über einen weiten Bereich variieren können, ist zu erwarten, daß die optimalen Temperaturen für Wachstum und Produktbildung sehr verschieden sind. Tatsächlich kann sich in einem ausgewogenem Medium

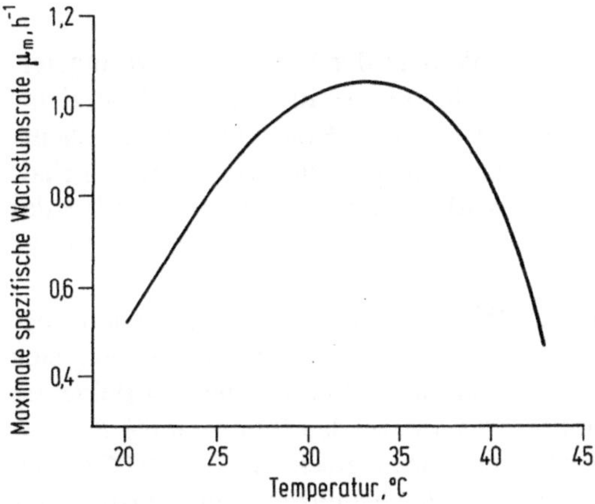

Abb. 3.4. Einfluß der Temperatur auf die spezifische Wachstumsrate

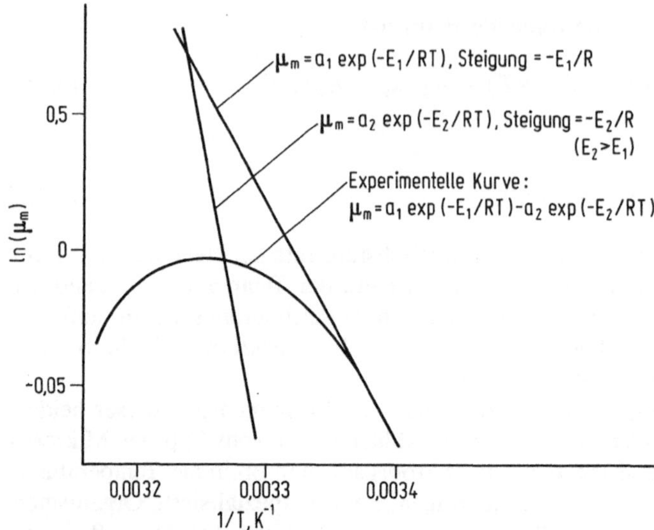

Abb. 3.5. Arrhenius-Darstellung der Wachstumsratenkonstanten. Um die experimentelle Kurve aufzuspalten, wird bei niedriger Temperatur (hohem $1/T$) eine Asymptote eingezeichnet. Man subtrahiert die experimentellen μ_m-Werte (nicht die $ln(\mu_m)$-Werte) von den μ_m-Werten der Asymptote und zeichnet die Differenz als Arrhenius-Darstellung (z.B. ln(Differenz) gegen $1/T$) auf, dies sollte die zweite Gerade ergeben. Wenn nicht, muß die Asymptote neu angepaßt werden. Wird dann keine gerade Linie erhalten, muß die Aufspaltung des Graphen wiederholt werden

das limitierende Substrat ebenfalls mit der Temperatur ändern. Für eine effektive Betriebsweise wird normalerweise eine Temperatur-Regelung innerhalb von 0,5°C gefordert.

3.7.2 pH-Effekte

Bei einer Fermentation hat der externe pH-Wert in der Regel einen geringeren Einfluß auf die biologischen Aktivitäten als die Temperatur, da die Zelle ziemlich gut in der Lage ist, ihre interne Wasserstoffionen-Konzentration angesichts ungünstiger äußerer Bedingungen zu ändern, obwohl die erforderliche Erhaltungsenergie dabei deutlich mitbeeinflußt wird. Zusätzlich hat der pH-Wert des umgebenden Mediums wahrscheinlich einen wesentlichen Einfluß auf die Struktur und Permeabilität der Zellmembran.

Ein typischer Verlauf der spezifischen Wachstumsrate gegen den äußern pH-Wert ist in Abb. 3.6 gezeigt. Es existiert ein recht weiter pH-Bereich, in dem sich die Wachstumsrate nur wenig ändert, häufig um pH $\approx$ 7 für die meisten Bakterien und pH $\approx$ 4,5 für Pilze, jedoch gibt es (analog zu den Temperatur-Effekten) wichtige Gruppen von Mikroorganismen mit sehr unterschiedlichen pH-Optima. Falls erforderlich, können die Kurven für die Wachstumsraten in Abhängigkeit vom pH-Wert durch Ausdrücke aus der Enzymkinetik beschrieben werden, von

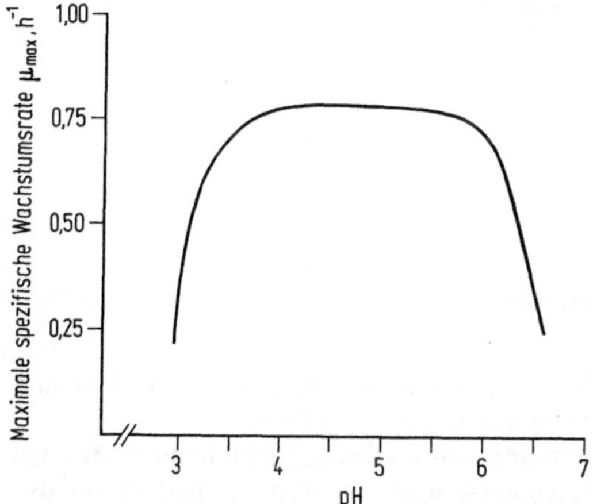

Abb. 3.6. pH-Einfluß auf die spezifische Wachstumsrate

denen als ein Beispiel genannt sei:

$$\mu_m(pH) = \frac{\mu_m}{1 + (k_1/[H^+]) + k_2[H^+]}, \tag{3.37}$$

wobei $[H^+]$ [= inverser Logarithmus des negativen pH-Wertes] die Wasserstoffionen-Konzentration darstellt.

4 Lösung der Modellgleichung

4.1 Rand- und Eingangsbedingungen

Wir schreiben immer eine Bilanzgleichung für jede extensive Eigenschaft und spezifizieren die Art, wie sich diese Eigenschaft zeitlich ändert.

Dies erfolgt durch Lösung des Systems von Differentialgleichungen, das aus der Anwendung der Geschwindigkeitsgleichungen (s. Kap. 2) und thermodynamischen Beziehungen (s. Abschn. 1.2 und auch 9.1) in der Bilanzgleichung resultiert.

Jede der extensiven Eigenschaften wird als Zustandsvariable bezeichnet, und alle ihre Werte bestimmen zu jedem Zeitpunkt den Zustand des Systems. Die zeitliche Änderung dieser Variablen hängt von den Eingangsbedingungen und den Gleichungen ab, z.B. von dem Satz Differentialgleichungen, die ihre Änderung mit der Zeit bestimmen. Deshalb ist es notwendig, für jede Zustandsvariable die *Eingangsbedingungen* zu definieren, und zwar eine für jede Bilanzgleichung. Normalerweise sind dies die Werte zur Zeit des Inokulums der Kultur bzw. Start eines biologischen Prozesses.

Löst man einen Satz Differentialgleichungen, ist seitens der Mathematik nichts inhärent verboten, wie z.B. negative Konzentrationen, Flüsse etc., selbst wenn das keinerlei physikalischen Sinn macht. Deshalb ist es notwendig, den Werten der Variablen geeignete *Randbedingungen* zuzuweisen, speziell, wenn man sich auf rechnergestützte Lösungen bezieht, da der Computer meist aufgrund numerischer Ungenauigkeiten negative intermediäre Lösungen erzeugen könnte, die zu falschen Resultaten führen können. Diese Randbedingungen werden als Satz Ungleichungen für die Variablen formuliert, die allgemeinste Bedingung ist die, daß alle Konzentrationen größer als Null sein müssen. Bei der Formulierung dieser Randbedingungen ist mit Vorsicht vorzugehen, da möglicherweise falsche Formulierungen in den Modellgleichungen überdeckt werden.

4.2 Stationäre und dynamische Modelle

Bisher haben wir eine verallgemeinernde Methode zur Formulierung von Modellen vorgestellt, insoweit als keine Einschränkung bezüglich der zeitlichen Konstanz der Variablen gemacht wurde. Solche Modelle werden als dynamische Modelle bezeichnet, da sich der Zustand des Systems ändern kann. Bei den meisten physikalischen Vorgängen, denen man in der Biotechnologie begegnet, kommt das System schließlich zu einem stationären Zustand, wenn der Eintrag in das System konstant gehalten wird. Dabei sind alle Variablen zeitlich konstant. Es kann natürlich sein, daß alle Zellen tot sind, jedenfalls aber sind die Zellkonzentrationen und die Substratkonzentrationen zeitlich konstant!

Ein Weg, den stationären Zustand zu bestimmen, wäre, die Gleichungen zu lösen und dabei die Zeit fortschreiten zu lassen, bis jede Variable ihren stationären Wert erreicht hat. In der Tat ist das eine anerkannte Methode, um die Gleichgewichtswerte zu ermitteln, wenn die stationären Gleichungen besonders schwer zu lösen sind. Meist ist es jedoch einfacher, die Gleichungen für den speziellen Fall des stationären Zustands direkt zu lösen. Da alle Variablen dann zeitlich konstant sind, müssen alle Akkumulationsraten (z. B. die Änderungsraten der extensiven Eigenschaften) gleich Null sein. Somit läßt sich ein dynamisches Modell auf ein stationäres Modell reduzieren, indem alle Ableitungen nach der Zeit Null gesetzt werden. Die Bilanzgleichungen lauten nun:

$$\text{Eintrag} - \text{Austrag} = 0. \tag{4.1}$$

Nun handelt es sich nicht mehr um Differentialgleichungen, sondern um algebraische Gleichungen, die in einfachen Fällen – einige von ihnen werden später besprochen – analytisch gelöst werden können. In allgemeineren Fällen können beide Formen schwierig zu lösen sein.

4.3 Überprüfung des Modells

Es ist nicht ungewöhnlich, daß bei der Formulierung eines mathematischen Modells beim ersten Versuch ein Gleichungssatz resultiert, der keine physikalisch sinnvolle Lösung besitzt, oder der selbst mit Hilfe von Computermethoden nicht lösbar ist. Normalerweise geschieht das, weil das Problem von vornherein falsch beschrieben wurde. Obwohl der Fehler durch Überprüfung des Modells auf seinen physikalischen und konzeptionellen Hintergrund behoben werden kann, hilft oft schon eine kurze Überprüfung auf mathematische Konsistenz des verwendeten Gleichungssatzes, einige Fehler aufzudecken.

Das Modell besteht aus einem Satz von Bilanzgleichungen, eine für jede interessierende extensive Eigenschaft des Systems. Wie oben erwähnt, werden die betreffenden Variablen auch als Zustandsvariable des Systems bezeichnet. Alle anderen Variablen in den Gleichungen müssen entweder unabhängige Variable sein, z.B. solche, die extern von einem Operator oder einem äußeren Kontrollmechanismus festgelegt werden (z.B. die Verdünnnungsrate, Temperatur, Einlaßkonzentration des Substrats etc.), oder Variable, die als Funktion der Zustandsvariablen oder der unabhängigen Variablen ausgedrückt werden können. Wir betrachten einen Geschwindigkeitsausdruck wie:

$$r_x = \frac{\mu_m S}{k_s + S} x_v \tag{3.6}$$

als ein Beispiel. Hier ist r_x eine Variable, abhängig von den beiden Zustandsvariablen S und x_v.

Beim Konsistenztest wird die Gleichsetzung:

$$I = V - E \tag{4.2}$$

verwendet, wobei

- I die Anzahl der unabhängigen Variablen bedeutet, die extern festgesetzt werden müssen
- V ist die Gesamtzahl der Variablen
- E die Zahl der formulierten Gleichungen.

Nachdem das Modell formuliert und auf Konsistenz getestet wurde, muß es im nächsten Schritt auf seinen physikalischen Sinn hin überprüft werden.

Hierzu wird das Modell, analytisch oder numerisch, für eine Vielzahl von Bedingungen gelöst, und der physikalische Sinn der Lösungen verifiziert. Ist das Modell allzu komplex, wird erheblich viel Zeit gewonnen, wenn es mit Hilfe von vereinfachenden Annahmen auf bereits bekannte und in der Literatur überprüfte Modelle eingeschränkt wird. Eine Anzahl von naheliegenden Tests sei unten genannt.

1. Überprüfung der Gleichungen auf konsistente Dimensionen.
2. Reduktion auf die stationäre Form, indem alle Differentiale gleich Null gesetzt werden.
3. Reduktion auf Chargenbetrieb, indem alle Ein- und Austragsterme gleich Null gesetzt werden.
4. Darstellung aller kinetischen Gleichungen als Ausdrücke erster Ordnung und Überprüfung der Lösungen.
5. Überprüfung, ob der Grenzwert für den stationären Zustand, bei dem die Verdünnungsrate zu Null wird, gleich dem Grenzwert für den reinen Chargenbetrieb bei unendlich fortgeschrittener Zeit ist.
6. Überprüfung, ob sich das Modell bei denkbaren Extremwerten für die unabhängigen Variablen richtig verhält.

Zuletzt sollten wir die goldene Regel wiederholen: Beginne einfach und entwickle daraus Komplexeres! Wie in Abschn. 1.2 festgestellt, soll *immer das einfachste adäquate Modell verwendet werden, das fest in bekannten fundamentalen physikalischen, chemischen und biologischen Gesetzen verwurzelt ist.*

5 Diskontinuierliche Kultur

Vorbemerkung

Vor der Anwendung der in den Kap. 2 und 3 entwickelten allgemeinen Modelle auf spezielle Fermentationen, wird es hilfreich sein, die verschiedenen Variablen und Parameter noch einmal aufzulisten und zu klassifizieren.

a) Zustandsvariable

Diese definieren den Zustand eines Prozesses. Für jede extensive Eigenschaft existiert eine Zustandsvariable:

x_v Konzentration lebender Zellen
x_d Konzentration nicht-lebender Zellen
S begrenzende Substratkonzentration im Fermenter und im Austrag
P Produktkonzentration im Fermenter und im Austrag

b) Operations-Variable

Es handelt sich um Variablen, deren Werte vom Operator festgesetzt werden können:

D	Verdünnungsrate (oder Zulaufrate F)
S_{ein}, x_{ein}, $x_{d,ein}$, P_{ein}	Einlaßkonzentrationen der vier Zustandsvariablen. Oft muß nur S_{ein} in Betracht gezogen werden, x_{ein}, $x_{d,ein}$ und P_{ein} sind gleich Null.

c) Intermediäre Variable

Dabei handelt es sich um alle Geschwindigkeiten r_x, r_d, r_{sx}, r_{sm}, r_{sp} und r_p, die alle als Funktion der oben aufgeführten Zustandsvariablen ausgedrückt werden können.

d) Kinetische Parameter

Wie bereits definiert: μ_m, k_s, k_d, m_s, α, β, etc.

e) Stöchiometrische Parameter

Wie bereits definiert $Y_{x/s}$, $Y_{p/s}$, etc.

5.1 Kinetische Modelle für diskontinuierliche Fermentationen

Der Chargen-Fermenter ist das einfachste und gebräuchlichste Beispiel für einen nicht stationären Prozeß. Es wird angenommen, daß der Reaktorinhalt homogen durchmischt ist, und daß das Verdampfen von Wasser oder anderen niedrigsiedenden Materialien vernachlässigt (oder laufend ersetzt) werden kann. Somit ist das Flüssigkeitsvolumen im Fermenter für die genannten Bedingungen konstant. In Kap. 2 haben wir die allgemeine Form der Bilanzgleichung, bezogen auf die Volumen- (oder Flüssigkeits-) Einheit, Gl. (2.16), aufgeführt:

$$\frac{1}{V}\frac{d(Vy)}{dt} = \sum r_{\text{gen}} - \sum r_{\text{con}} + Dy_{\text{ein}} - \gamma D y_{\text{aus}}, \tag{2.16}$$

wobei y eine allgemeine extensive Eigenschaft bedeutete.

Die linke Seite dieser Gleichung kann geschrieben werden als:

$$\frac{1}{V}\frac{d(Vy)}{dt} = \frac{1}{V}\left[V\frac{dy}{dt} + y\frac{dV}{dt}\right]. \tag{5.1}$$

Damit wird Gl. (2.14) für den klassischen Chargenbetrieb, für den $F_{\text{ein}} = F_{\text{aus}} = 0$ (das ergibt $dV/dt = 0$), zu:

$$\frac{dy}{dt} = \sum r_{\text{gen}} - \sum r_{\text{con}}. \tag{5.2}$$

Die Gleichungen für die Zustandsvariablen werden nun zu:
Lebende Zellen:

$$\frac{dx_{\text{v}}}{dt} = r_{\text{x}} - r_{\text{d}} \tag{5.3}$$

Avitale Zellen:

$$\frac{dx_{\text{d}}}{dt} = r_{\text{d}} \tag{5.4}$$

Substrat:

$$\frac{dS}{dt} = -(r_{\text{sx}} + r_{\text{sm}} + r_{\text{sp}}) \tag{5.5}$$

Produkt:

$$\frac{dP}{dt} = r_{\text{p}} \tag{5.6}$$

Hat man die Materialbilanzen formuliert, besteht der nächste Schritt der Modellerstellung in der Auswahl eines geeigneten Satzes kinetischer Gleichungen. Beginnt man mit den einfachsten Ausdrücken (mit Ausnahme der Produktbildung, in diesem Fall wird weiterhin von der allgemeinen Gl. (3.19) ausgegangen), so gilt nach Kap. 3:
Zellwachstumsrate:

$$r_{\text{x}} = \mu x_{\text{v}} \tag{3.7}$$

Rate der Zelldesaktivierung:

$$r_d = k_d x_v \tag{3.17}$$

Produktbildungsrate:

$$r_p = \alpha r_x + \beta x_v = \alpha \mu x_v + \beta x_v \tag{3.19}$$

Rate des Substratverbrauchs zur Produktion von Biomasse:

$$r_{sx} = \frac{r_x}{Y'_{x/s}} = \frac{\mu x_v}{Y'_{x/s}} \tag{3.29}$$

Rate des Substratverbrauchs zur Produktbildung:

$$r_{sp} = \frac{r_p}{Y'_{p/s}} = \frac{\alpha \mu x_v + \beta x_v}{Y'_{p/s}} \tag{3.28}$$

Rate des Substratverbrauchs für die Zellerhaltungsenergie:

$$r_{sm} = m_s x_v. \tag{3.14}$$

Setzt man diese Beziehungen in die Massenbilanzen ein, so erhält man für:
Lebende Zellen:

$$\frac{dx_v}{dt} = \mu x_v - k_d x_v \tag{5.7}$$

Avitale Zellen:

$$\frac{dx_d}{dt} = k_d x_v \tag{5.8}$$

Substrat:

$$\frac{dS}{dt} = -\left[\frac{\mu x_v}{Y'_{x/s}} + m_s x_v + \frac{\alpha \mu x_v + \beta x_v}{Y'_{p/s}}\right] \tag{5.9}$$

Produkt:

$$\frac{dP}{dt} = \alpha \mu x_v + \beta x_v \tag{5.10}$$

Wenn, wie in Abschn. 2.4, anstelle der Erhaltungsenergie das Konzept der endogenen Respiration in das Modell eingefügt wird, lauten die Modellgleichungen:
Lebende Zellen:

$$\frac{dx_v}{dt} = \mu x_v - k_d x_v - k_e x_v \tag{5.11}$$

Avitale Zellen:

$$\frac{dx_d}{dt} = k_d x_v \tag{5.12}$$

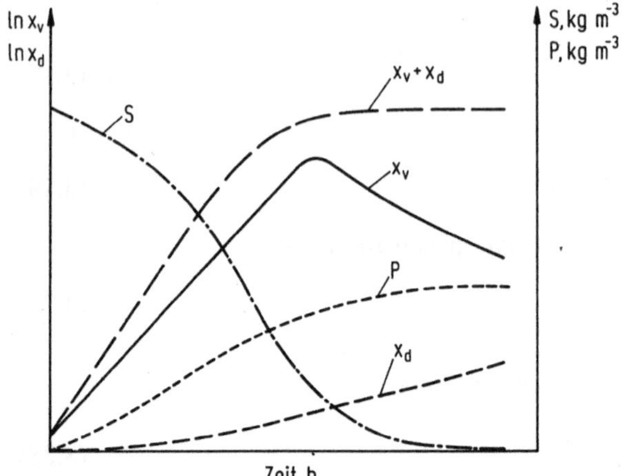

Abb. 5.1. Erzeugung von Biomasse und Produkt in diskontinuierlicher Kultur, abgeleitet aus der Computersimulation der Gl. (5.7)–(5.10).

Substrat:

$$\frac{dS}{dt} = -\left[\frac{\mu x_v}{Y'_{x/s}} + \frac{\alpha \mu x_v + \beta x_v}{Y'_{p/s}}\right] \tag{5.13}$$

Produkt:

$$\frac{dP}{dt} = \alpha \mu x_v + \beta x_v \tag{5.14}$$

Um das Prozeßmodell für die Chargen-Fermentationen zu vervollständigen, müssen wir einen Satz Eingangsbedingungen einbeziehen, die die Werte aller Zustandsvariablen (Konzentrationen) zum Zeitpunkt der Beschickung sowie die in Kap. 4 umrissenen Randbedingungen festlegen.

Für diesen Gleichungssatz ist unter bestimmten Bedingungen (Formulierung von μ als $f(S)$) eine analytische Lösung möglich, jedoch für eine allgemeine Anwendung zu komplex. Eine rechnergestützte Lösung durch numerische Integration ist üblicher, ein typisches Beispiel ist in Abb. 5.1 gezeigt.

Zwei Merkmale, die diese Darstellung nicht zeigt, die aber bei den meisten Fermentationen auftreten, sind die Verzögerungsphase zu Beginn und zum Teil eine Phase der Abnahme bei fortgeschrittener Reaktion. Nur die Masse der vitalen Zellen nimmt gegen Ende hin ab.

Die Verzögerungsphase rührt daher, daß sich alle Zellen nach Eintrag an die im Fermenter vorherrschenden Bedingungen anpassen müssen und das Modell keinen Mechanismus für die Adaption enthält (hierfür werden strukturierte Modelle benötigt, s. Abschn. 2.3.2).

Die Phase der Abnahme für die Gesamtbiomasse $(x_v + x_d)$ wäre nur zu sehen, wenn wir die Zell-Lysis ins Modell eingefügt hätten; in Kap. 2 haben wir vorausgesetzt, daß die avitalen Zellen unverändert in der Kultur verbleiben, so daß die Gesamtmasse der lebenden und nicht lebenden Zellen konstant ist, wenn das limitierende Substrat erschöpft ist.

5.2 Messung und Quantifizierung der kinetischen Parameter

Hat man das Modell strukturiert, besteht die nächste Aufgabe darin, die aktuellen Werte seiner Parameter zu bestimmen. Diese Parameter lassen sich in stöchiometrische (die Beziehungen der Material- und Energiebilanzen zwischen den verschiedenen Flüssen betreffend) und kinetische Parameter (die Verbrauchs-, Erzeugungs- oder Transfer-Raten verschiedener Spezies betreffend) unterteilen.

Um die Werte der Parameter zu bestimmen, sind experimentelle Daten erforderlich. Wir müssen nicht betonen, daß diese so genau und zuverlässig wie möglich sowie in sich konsistent und übertragbar sein sollten.

Die „Anpassung" eines Modells kann nur bis zu den Grenzen der Genauigkeit der experimentellen Daten überprüft werden.

Die Methode, Parameter zu quantifizieren, besteht darin, die experimentellen Daten mit geeigneten mathematischen Gleichungen anzunähern. Diese Daten bestehen aus Sätzen interessierender Variablen, die gleichzeitig zu einem individuellen Zeitpunkt bestimmt wurden.

Es existieren zwei grundsätzlich verschiedene Varianten, um Daten an ein Modell anzupassen:

Lineare Regression – diese erfordert in der Regel eine Transformation der Variablen, kann aber mit einem Minimum an Ausrüstung (Rechner und Zeichenpapier etc.) durchgeführt werden

Kurvenanpassung – hier werden die Daten normalerweise in ihrer ursprünglichen Form verwendet, jedoch benötigt man einen Computer und passende Software.

Das bekannteste Beispiel für eine lineare Regression ist die Anwendung des Lineweaver-Burke Plots, um die Maximalrate und Sättigungskonstante von Gleichungen des Michaelis-Menten- oder Monod-Typs zu bestimmen, wie z.B. Gl. (3.5) und (3.6), die beide diese Form besitzen. Verwenden wir Gl. (3.6) als Beispiel, erhalten wir:

$$r_x = \frac{\mu_m S}{k_s + S} x_v, \tag{3.6}$$

mit den Variablen r_x, S und x_v und den Parametern μ_m und k_s. In dieser Form ist die Beziehung zwischen den Variablen nichtlinear (d.h., sie umfaßt Multiplikation und Division). Der erste Schritt besteht darin, die Variablen zu transformieren, z.B. sie so zu verändern, daß eine lineare Abhängigkeit zwischen den neuen, transformierten Variablen entsteht. Diese Vorgehensweise ist nicht formalisiert und beruht auf der Findigkeit des Experten. In diesem Fall vereinfacht die Division von r_x durch x_v den Ausdruck, da dann die Multiplikation entfällt. So haben wir die Gleichung durch das Definieren einer neuen Variablen $\mu = r_x/x_v$ (μ ist die spezifische Wachstumsrate) transformiert in die Gleichung:

$$\mu = \frac{\mu_m S}{k_s + S}. \tag{5.15}$$

Nun haben wir nur zwei Variable, μ und S. Im nächsten Schritt wird der Kehrwert jeder Seite genommen. Dies ergibt:

$$\frac{1}{\mu} = \frac{k_s + S}{\mu_m S} = \frac{k_s}{\mu_m}\frac{1}{S} + \frac{1}{\mu_m} \tag{5.16}$$

oder, mit den neuen Variablen ausgedrückt:

$$p = \frac{k_s}{\mu_m} q + \frac{1}{\mu_m}, \tag{5.17}$$

wobei $p = x_v/r_x$ und $q = 1/S$ ist.

Diese Gleichung ist nun in den transformierten Variablen, p und q, linear, so daß die Auftragung von p gegen q (auf gewöhnlichem, z.B. arithmetischem Zeichenpapier) eine Gerade ergibt, deren Steigung gleich k_s/μ_m und deren Ordinatenabschnitt $= 1/\mu_m$ ist. Eine typische graphische Darstellung dieser Art ist hier in Abb. 5.2 gezeigt. Geometrische Überlegungen zeigen, daß der Abschnitt auf der Abszissen- $(1/S)$-Achse gleich $-1/k_s$ ist. So können aus den beiden Achsenschnittpunkten μ_m und k_s bestimmt werden.

Diese Darstellungsform ist recht allgemein verwendbar. Da die Experimentatoren die Transformationen und Zeichnungen selbst ausführen, sollten sie in der Lage sein, die relative Genauigkeit der Daten sowie die Verzerrungen, die durch die Transformationen verursacht wurden, zu berücksichtigen. So sind z.B.

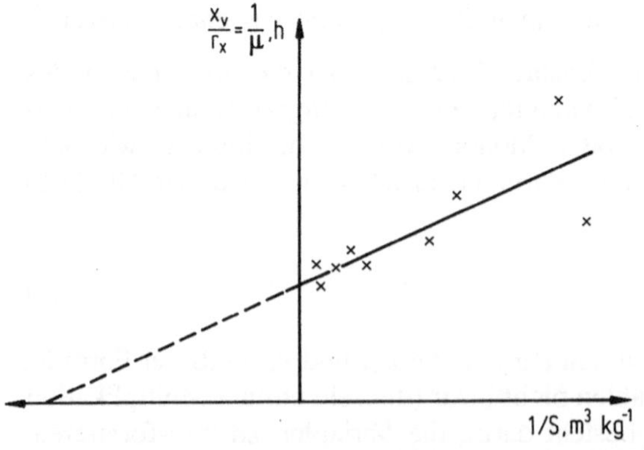

Abb. 5.2. Bestimmung der kinetischen Parameter unter Verwendung einer Auftragung nach Lineweaver-Burke. Es ist zu beachten, daß die Daten in der Regel bei niedrigem S (hohem $1/S$) weniger genau sind. Steigung = k_s/μ_{max}; Achsenabschnitt der $1/\dot{\mu}$-Achse = $1/\mu_{max}$; Achsenabschnitt der $1/S$-Achse = $-1/k_s$

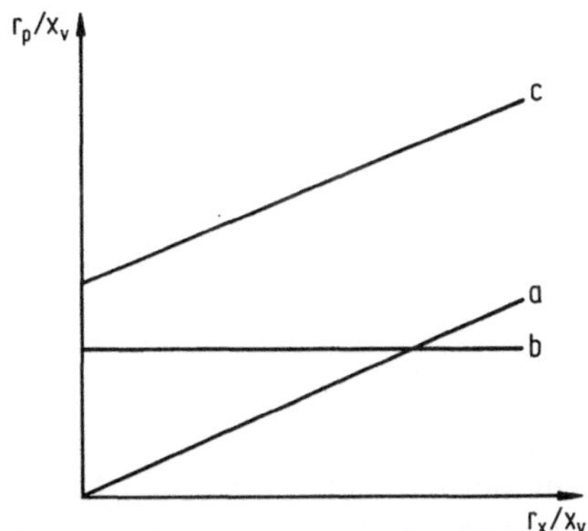

Abb. 5.3. Bestimmung der Produktbildungskinetik nach dem Luedeking-Piret Modell. *a* wachstumsbezogen, $\alpha > 0, \beta = 0$; *b* nicht wachstumsbezogen, $\alpha = 0, \beta > 0$; *c* dazwischenliegende Kinetik, $\alpha, \beta \geq 0$

kleine Werte von S, relativ betrachtet, weniger genau als hohe Werte. Folglich sind hohe $1/S$-Werte (entsprechend kleinem S) recht ungenau. Dies beeinflußt die Abschätzung von k_s (aus dem Achsenabschnitt) mehr als von μ_m, und unterstreicht die experimentelle Notwendigkeit, für die geringen Substratkonzentrationen eine relative Genauigkeit zu erreichen, die so hoch wie möglich ist (durch Duplikation etc.).

Ein anderes Beispiel für die Transformation von Gleichungen ist die Bestimmung der kinetischen Parameter in der Gleichung für die Produktbildung nach:

$$r_p = \alpha r_x + \beta x_v. \tag{3.19}$$

Um Werte für die Produktbildungs-Parameter α und β zu erhalten, wird Gl. (3.19) durch x_v dividiert zu:

$$\frac{r_p}{x_v} = \alpha \frac{r_x}{x_v} + \beta, \tag{5.18}$$

welche durch Auftragung von r_p/x_v gegen r_x/x_v überprüft wird, wie in Abb. 5.3 gezeigt.

6 Kontinuierliche Kultur

6.1 Der Chemostat

Der klassische Chemostat ist dasjenige System, auf das sich die meisten Daten einer „kontinuierlichen Kultur" beziehen oder dem sie entsprechen sollen. Im Bereich der Forschung ist er ein wichtiges Hilfsmittel, das es erlaubt, Daten von den Wechselwirkungen zwischen Mikroorganismen und ihrer Umgebung im stationären Zustand zu erhalten. Im industriellen Bereich handelt es sich um das effizienteste System für spezielle praktische Aufgaben, wenn auch sicher nicht für alle.

Ein Chemostat ist ein Fermenter, der mit konstantem Zu- und Ablauf arbeitet. Es wird eine so vollständige Durchmischung angenommen, daß alle Konzentrationen im gesamten Flüssigkeitsvolumen einheitlich sind, die Auslaßkonzentrationen sind gleich den Konzentrationen im Fermenter, ein konstanter Zu- und Ablauf des Mediums sichert ein konstantes Reaktorvolumen. In den allgemeinen Gleichungen steht V für ein konstantes Volumen der Flüssigphase, wobei Gasblasen ausgeschlossen werden. Zuletzt nehmen wir an, daß die Bedingungen über einen ausreichend großen Zeitraum konstant sind, so daß vorübergehende Änderungen infolge von Schwankungen der Durchflußraten, der Zusammensetzung des Mediums oder der Umgebungsbedingungen abgeklungen sind, und der Fermenter im stationären Zustand arbeitet.

Die allgemeine Form der Bilanzgleichung, bezogen auf das Einheitsvolumen lautet (s. Kap. 2):

$$\frac{1}{V}\frac{d\,(V y_{\text{aus}})}{dt} = \sum r_{\text{gen}} - \sum r_{\text{con}} + D\,(y_{\text{ein}} - \gamma y_{\text{aus}})\,. \tag{2.16}$$

Die linke Seite dieser Gleichung läßt sich wieder, wie im vorhergehenden Kapitel beschrieben, erweitern (s. Gl. (5.1)). Da für den Chemostaten $F_{\text{ein}} = F_{\text{aus}}$, $dV/dt = 0$ und $\gamma = F_{\text{aus}}/F_{\text{ein}} = 1$ gilt, wird Gl. (2.16) zu:

$$\frac{d\,(y_{\text{aus}})}{dt} = \sum r_{\text{gen}} - \sum r_{\text{con}} + D\,(y_{\text{ein}} - y_{\text{aus}})\,, \tag{6.1}$$

mit der Verdünnungsrate $D = F/V$ [h^{-1}]. Dies ist ein Schlüsselparameter, dessen Kehrwert die mittlere Verweilzeit aller Materialien darstellt, die durch das System fließen.

In einem im stationären Zustand arbeitenden Chemostaten gibt es keine Akkumulation irgendeiner extensiven Größe, so daß die spezifische Materialbilanz

in jedem Fall aus der allgemeinen Gl. (6.1) erhalten werden kann, indem man $dy_{aus}/dt = 0$ setzt. Damit ergibt sich für:
Lebende Zellen:

$$0 = r_x - r_d + D\left(x_{v,\,ein} - x_{v,\,aus}\right) \tag{6.2}$$

Avitale Zellen:

$$0 = r_d + D\left(x_{d,\,ein} - x_{d,\,aus}\right) \tag{6.3}$$

Substrat:

$$0 = -\left(r_{sx} + r_{sm} + r_{sp}\right) + D\left(S_{ein} - S_{aus}\right) \tag{6.4}$$

Produkt:

$$0 = r_p + D\left(P_{ein} - P_{aus}\right). \tag{6.5}$$

Wieder ist die Symmetrie der Gleichungen zu beachten, wie auch, daß die Gleichung für die Gesamtmasse nicht mehr enthalten ist, da sich diese nicht ändert.

Dieser Gleichungssatz bildet zusammen mit den Geschwindigkeitsgleichungen und ihren Randbedingungen das allgemeine mathematische Modell für einen Chemostaten.

Um die Beziehungen zwischen den Zustandsvariablen ($x_{v,\,aus}$, $x_{d,\,aus}$, S_{aus} und P_{aus}) und der Operationsvariablen D zu ermitteln, können die Gl. (6.2) bis (6.5) für $x_{v,\,ein}$, $x_{d,\,ein}$ und $P_{ein} = 0$ analytisch gelöst werden. Dies ist der übliche Fall, wenn der Zulauf frei von Zellen ist und auch keine Zellprodukte enthält.

Die Methode kann anhand eines einfachen Fermentationsmodells illustriert werden, bei dem Substrat nur in lebende Zellen umgewandelt wird und keine Metaboliten erzeugt werden. Der Einfachheit halber ignorieren wir in erster Näherung auch den Zelltod und die Erhaltung, so daß wir:

$$r_d = r_{sm} = 0$$

setzen können. Die Gleichung für den Chemostaten wird zu:

$$0 = r_x - Dx_{v,\,aus} \tag{6.6}$$

$$0 = -r_{sx} + D\left(S_{ein} - S_{aus}\right) \tag{6.7}$$

Nehmen wir an, daß die Zellen gemäß der Monod-Kinetik wachsen, können wir auch die Gl. (3.7) und (3.29) verwenden. Wir erhalten:

$$0 = \mu x_{v,\,aus} - Dx_{v,\,aus} \tag{6.8}$$

$$0 = \frac{\mu x_{v,\,aus}}{Y'_{x/s}} + D\left(S_{ein} - S_{aus}\right) \tag{6.9}$$

Aus Gl. (6.8) erhalten wir:

$$\mu = D, \tag{6.10}$$

dies kann in Gl. (6.9) eingesetzt werden zu:

$$x_{v,\,aus} = Y'_{x/s}\,(S_{ein} - S_{aus})\,. \tag{6.11}$$

Die Substratkonzentration S_{aus} ergibt sich aus der Monod-Gleichung:

$$\mu = \mu_m \frac{S_{aus}}{k_s + S_{aus}} \tag{3.8}$$

oder, durch Umstellung und Substitution von Gl. (6.10):

$$S_{aus} = \frac{k_s D}{\mu_m - D}. \tag{6.12}$$

Diese Gleichungen sollten dem Leser alle gut bekannt sein, selbst wenn diese Erläuterung ihres Ursprungs möglicherweise neu ist. Beachten wir, daß wir zunächst den allgemeineren Fall (Gl. (6.2) - (6.5)) betrachtet und daraus den spezielleren Fall abgeleitet haben. Dies sollte uns ein klareres Verständnis für die notwendigen besonderen Annahmen geben. Eine typische Lösung für diesen Fall ist in Abb. 6.1 dargestellt.

Um die allgemeinen Modellgleichungen (6.2) - (6.5) ohne diese vereinfachenden Annahmen lösen zu können, müssen wir geeignete Geschwindigkeitsgleichungen auswählen. Wie zuvor (Kap. 3) verwenden wir:

$$r_x = \mu x_v \tag{3.7}$$

$$r_d = k_d x_v \tag{3.17}$$

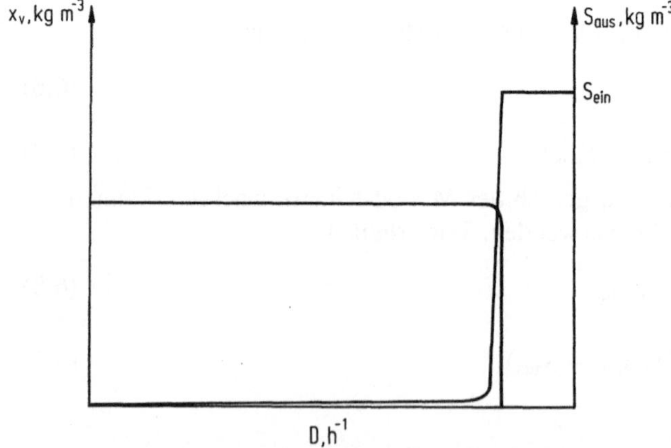

Abb. 6.1. Gleichgewichts-Konzentration der Biomasse und limitierende Substratkonzentration als Funktionen der Verdünnungsrate für eine Monod-Kinetik

$$r_p = \alpha r_x + \beta x_v = (\alpha\mu + \beta) x_v \tag{3.19}$$

$$r_{sx} = \frac{\mu x_v}{Y'_{x/s}} \tag{3.29}$$

$$r_{sp} = \frac{r_p}{Y'_{p/s}} = \frac{(\alpha\mu + \beta) x_v}{Y'_{p/s}} \tag{3.28}$$

$$r_{sm} = m_s x_v. \tag{3.14}$$

Verwenden wir diese Ausdrücke, können wir die Modellösung für einen allgemeinen Chemostaten mit Hilfe des oben umrissenen Verfahrens erhalten. Der Leser sollte selbst überprüfen, daß der resultierende Gleichungssatz, wie unten dargelegt, nach Abschn. 4.3 mathematisch konsistent ist:

$$x_{v,\,aus} = \frac{D\,(S_{ein} - S_{aus})}{\frac{(D+k_d)}{Y'_{x/s}} + m_s + \frac{\alpha(D+k_d)+\beta}{Y'_{p/s}}} \tag{6.13}$$

$$x_{d,\,aus} = \frac{k_d x_v}{D} \tag{6.14}$$

$$S_{aus} = \frac{k_s(D + k_d)}{\mu_m - (D + k_d)} \tag{6.15}$$

$$P_{aus} = \frac{[\alpha(D + k_d) + \beta]\, x_v}{D} \tag{6.16}$$

Randbedingungen:

$$0 \le S_{aus} \le S_{ein};\ 0 \le x_{v,\,aus};\ 0 \le x_{d,\,aus} \le x_{v,\,aus};\ 0 \le P_{aus}.$$

Ein Muster für diese Lösungen ist in Abhängigkeit von der Verdünnungsrate D bzw. der Einlaßkonzentration an limitierendem Substrat S_{ein} in den Abb. 6.2 und 6.3 dargestellt. Eine Analyse dieser Lösungen und der zugehörigen graphischen Darstellungen, unter Berücksichtigung der physikalischen Bedeutung der verschiedenen Symbole, kann wertvolle Einsicht in die Arbeitsweise eines Chemostaten liefern, und der Leser sollte einige der Zusammenhänge selbst betrachten.

Wird das Konzept der endogenen Respiration bevorzugt, ergeben sich die folgenden Materialbilanzen (durch Austauschen der Gl. (6.2) - (6.3)):
Lebende Zellen:

$$0 = r_x - r_d - r_e + D\left(x_{v,\,ein} - x_{v,\,aus}\right) \tag{6.17}$$

Avitale Zellen:

$$0 = r_d + D\left(x_{d,\,ein} - x_{d,\,aus}\right) \tag{6.18}$$

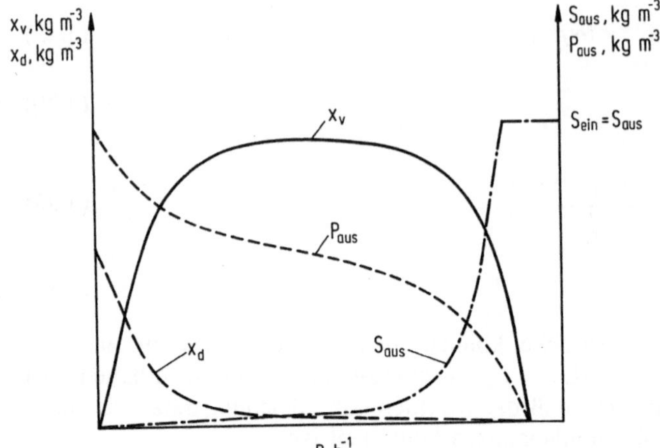

Abb. 6.2. Zustandsvariablen, aufgetragen gegen die Verdünnungsrate, bei konstanter Einlaßkonzentration an begrenzendem Substrat S_{ein}. (Übrigens sind alle anderen Substrate, einschließlich Sauerstoff, stöchiometrisch im Überschuß vorhanden.)

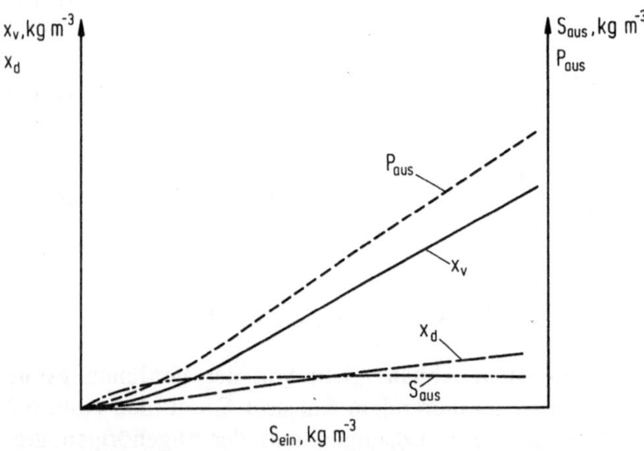

Abb. 6.3. Zustandsvariablen gegen die Einlaßkonzentration an gelöstem begrenzenden Substrat bei konstanter Verdünnungsrate (alle anderen Substrate einschließlich Sauerstoff müssen stöchiometrisch im Überschuß vorhanden sein).

Substrat:

$$0 = -\left(r_{sx} + r_{sp}\right) + D\left(S_{ein} - S_{aus}\right) \tag{6.19}$$

Produkt:

$$0 = r_p + D\left(P_{ein} - P_{aus}\right). \tag{6.20}$$

Wenn wir die folgenden Geschwindigkeitsausdrücke:

$$r_x = \mu x_v; \quad r_d = k_d x_v; \quad r_e = k_e x_v,$$

verwenden, dann wird Gl. (6.17) zu:

$$0 = \mu x_{v,\,aus} - k_d x_{v,\,aus} - k_e x_{v,\,aus} + D\left(x_{v,\,ein} - x_{v,\,aus}\right). \tag{6.21}$$

Im Normalfall, für $x_{v,\,ein} = 0$, ergibt sich aus Gl. (6.21) der folgende Ausdruck für die spezifische Wachstumsrate:

$$\mu = D + k_d + k_e. \tag{6.22}$$

Dies sollte mit Gl. (6.10) verglichen werden. Unter Verwendung der gleichen Geschwindigkeitsgleichungen und Randbedingungen wie zuvor, ergibt sich für die Lösung des Modells nun:

$$x_{v,\,aus} = \frac{D\,(S_{ein} - S_{aus})}{\frac{(D+k_d+k_e)}{Y'_{x/s}} + \frac{\alpha(D+k_d+k_e)+\beta}{Y'_{p/s}}} \tag{6.23}$$

$$x_{d,\,aus} = \frac{k_d x_v}{D} \tag{6.24}$$

$$S_{aus} = \frac{k_s(D + k_d + k_e)}{\mu_m - (D + k_d + k_e)} \tag{6.25}$$

$$P_{aus} = \frac{[\alpha(D + k_d) + k_e + \beta]\,x_v}{D}. \tag{6.26}$$

In den meisten praktischen Fällen wird der Unterschied zwischen den beiden Konzepten nur bei sehr geringen Verdünnungsraten sichtbar.

Eine analytische Lösung wird nicht immer ohne weiteres erhalten. Oft müssen wir von numerischen Lösungen Gebrauch machen und mit graphischen Darstellungen zufrieden sein.

Da Rechner völligen Unsinn erzeugen können, wenn sie nicht sorgfältig verwendet werden, ist eine genaue Spezifikation der Randbedingungen für die Variablen ein notwendiger Bestandteil des Modells.

Ein Ziel der Verwendung von Modellen dieser Art ist, das Verhalten eines Chemostaten vorauszusagen, wenn die Bedingungen geändert wurden, entweder durch Änderung der Betriebsvariablen oder durch den Einfluß veränderter Reaktionsbedingungen auf die Werte der Prozeßparameter. Dies erfordert natürlich, daß der Einfluß veränderter Umgebungsbedingungen auf die Parameter bereits bekannnt ist, auf der anderen Seite ist der Chemostat ideal dazu geeignet, diese Einflüsse zu bestimmen. Dies ist eine seiner wichtigsten Anwendungen in der Forschung. Jedoch benötigt man für eine derartige Anwendung ein zufriedenstellendes Modell, wenn die Ergebnisse richtig verstanden werden sollen.

Kapitel 8 zeigt, wie Modelle zu diesem Zweck verwendet werden können.

6.2 Messung und Quantifizierung der kinetischen Parameter

Prinzipien, die die Messung und Quantifizierung der kinetischen Parameter von Systemen betreffen, die im Chargenbetrieb arbeiten, wurden in Abschn. 5.2 beschrieben. Im kontinuierlichen Verfahren bestehen die experimentellen Daten, die mit geeigneten mathematischen Gleichungen angenähert werden, aus Wertesätzen für die wichtigsten Variablen, die entweder dann bestimmt wurden, wenn das System einen Gleichgewichtszustand erreicht hatte, oder simultan zu einem definierten Zeitpunkt wie im Chargenbetrieb (wie bei der Beobachtung von Ungleichgewichten bei dynamischen Vorgängen). Analog der Betrachtung des Chargenbetriebs in Abschn. 5.2, konzentrieren wir uns hier auf die lineare Regression, die immer die Methode der Wahl ist, wenn – wie in diesem Buch – Gleichgewichtsdaten an relativ einfache Modelle angepaßt werden sollen.

Wieder werden die Parameter μ_m und k_s wie für die diskontinuierliche Kultur mit Hilfe der Lineweaver-Burke Darstellung bestimmt (s. Abb. 5.1). Wir führen unter Verwendung derselben Gleichungen wie zuvor (Gl. (3.6) und (5.15)) Gl. (6.10) ein, um die Gleichgewichtsversion der Lineweaver-Burke Darstellung für einen Chemostaten zu erhalten. Ersetzt man für den Chemostaten μ gegen D, wird Gl. (5.16) zu:

$$\frac{1}{D} = \frac{k_s}{\mu_m}\frac{1}{S} + \frac{1}{\mu_m}, \tag{5.16}$$

und die Parameter lassen sich aus der Auftragung $1/D$ gegen $1/S$ ermitteln.

In diesem Fall hätten wir bereits ein Modell, das in eine lineare Beziehung umgewandelt werden könnte, aus der sich zwei Parameter bestimmen ließen. Jedoch ist die Zahl der kinetischen Parameter in einem beliebigen Ausdruck normalerweise größer als zwei, so daß diese direkte Methode ausgeweitet werden muß. Ein typisches Beispiel wäre die Gleichgewichtslösung für die Produktbildungs-Gleichung:

$$P_{aus} = \frac{[\alpha(k_d + D) + \beta]\, x_{v,\,aus}}{D} \tag{6.16}$$

Diese Gleichung läßt sich durch Division durch $x_{v,\,aus}$ umwandeln in:

$$\frac{P_{aus}}{x_{v,\,aus}} = (\alpha k_d + \beta)\frac{1}{D} + \alpha. \tag{6.28}$$

Damit können beliebige zwei Werte von α, β oder k_d aus der Auftragung von P/x_v gegen $1/D$ erhalten werden.

Beachten wir, daß dieses letzte Beispiel die Abschätzung von zwei Parametern nur dann erlaubt, wenn der dritte bekannt ist. So können wir α aus dem Achsenabschnitt und entweder β oder k_d bei bekanntem anderen Wert aus der Steigung abschätzen. Z.B. können wir uns davon überzeugen, daß k_d gut gleich Null gesetzt werden kann.

Gleichung (6.15) stellt ein anderes Beispiel mit drei Parametern dar, und wegen der Analogie zum oberen Fall würden wir erwarten, daß wir nur zwei

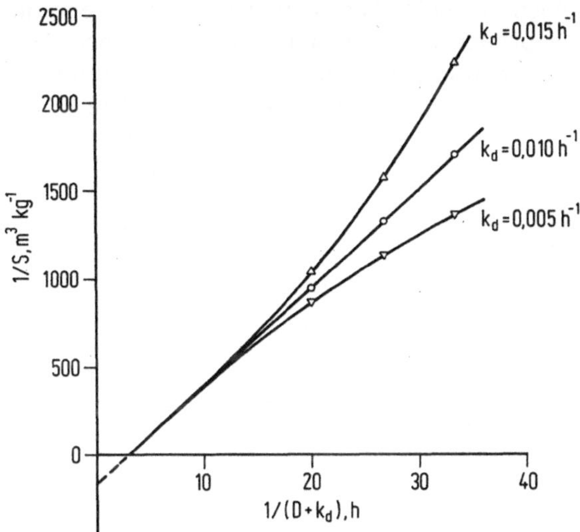

Abb. 6.4. Wahl des Parameterwerts (k_d), der bei der Bestimmung der Parameter des Lineweaver-Burke-Plots eine Gerade ergibt. Die Steigung der Geraden entspricht μ_{max}/k_s und der Achsenabschnitt der $1/S$-Achse ist gleich $-1/k_s$

der Parameter, bei bekanntem dritten Wert, bestimmen können. Hier handelt es sich jedoch um ein Beispiel für eine Gleichung, bei der einer der Parameter (in diesem Fall k_d) nur in linearer Abhängigkeit mit einer der Variablen (D) auftritt.

So können wir die Beobachtung verwenden, daß es nur einen Wert dieses Parameters gibt, für den wir bei der graphischen Darstellung eine Gerade bekommen. Die transformierte Gleichung lautet:

$$\frac{1}{S_{aus}} = \frac{\mu_m}{k_s} \frac{1}{(D + k_d)} + \frac{1}{k_s}, \tag{6.29}$$

die eine Lineweaver-Burke Abhängigkeit zeigt. Die Vorgehensweise ist so, daß $1/S_{aus}$ gegen $1/(D + k_d)$ für verschiedene Werte von k_d aufgetragen wird. Nur für einen einzigen dieser k_d-Werte ergibt sich eine Gerade, alle anderen Werte führen zu einer gekrümmten Kurve. Somit ist dieser eine k_d-Wert der Wert, der die Daten am besten anpaßt. Anschließend können μ_m und k_s berechnet werden. Abbildung 6.4 illustriert diese Technik.

Dort, wo die mit Hilfe einer Gleichung oder eines Gleichungssatzes anzupassende Parameterzahl zu groß ist, um die Technik der linearen Regression anzuwenden, muß irgendeine andere Form der Kurvenanpassung verwendet werden.

Diese Techniken sprengen den Rahmen dieses Kapitels, hierzu sollten geeignete Mathematik- und Computer-Bücher zu Rate gezogen werden. Welches Progamm auch immer verwendet wird, ein Experimentator muß die grundlegenden Prinzipien seiner Operationen verstehen, bevor er es verwendet, und er sollte immer sicherstellen, daß die erzeugten Parameter-Werte auch Sinn machen.

Mit zuverlässigen Methoden sollten so viele Parameter wie möglich, einzeln oder paarweise, in eigens dafür geplanten Experimenten bestimmt werden. Dabei können die Experimente sowohl vom Experimentator selbst oder von dritten entworfen worden sein, die diese in der Fachliteratur veröffentlicht haben.

7 Zulauf-Prozesse (variables Volumen)

7.1 Der Effekt des variablen Volumens

Bei einer Prozeßführung mit variablem Volumen ändert sich das Volumen des Mediums, weil der Zulauf nicht gleich dem Ablauf ist. In den meisten praktischen Fällen, man spricht dann von „Fed batch-" oder „Zulauf-Betrieb", steigt V, oft ist der Ablauf gleich Null (bis die Charge abgeerntet wird). Zulauf-Prozesse haben einen weiten praktischen Anwendungsbereich. Der Zulauf-Betrieb ist als eine praktische Verbesserung bestehender, im Chargenbetrieb arbeitender Prozesse, verglichen mit vollständig kontinuierlichen Prozessen oft leichter einzuführen, in einigen Fällen ist die Technik sogar notwendig. Während eine kontinuierliche Fermentation einen kontinuierlichen Austrag erzeugt, führt der Zulaufbetrieb zu einem einzigen, abschließenden Austrag, der in derselben Weise wie der Austrag aus dem Chargenbetrieb behandelt werden kann.

Es ist deshalb zweckmäßig, unsere bisherige Vorgangsweise zur Beschreibung solcher Systeme auszuweiten. Dies kann wie folgt geschehen.

Da V nicht konstant ist, können wir unter Anwendung der elementaren Differentialrechnung schreiben:

$$\frac{d(Vy)}{dt} = \frac{V\,dy}{dt} + \frac{y\,dV}{dt}, \tag{7.1}$$

wobei y für jede extensive Eigenschaft x_v, x_d, S oder P steht.
Da

$$\frac{d(V\rho_{aus})}{dt} = F_{ein}\,\rho_{ein} - F_{aus}\,\rho_{aus}, \tag{7.2}$$

gilt für $\rho_{ein} = \rho_{aus}$

$$\frac{d(Vy)}{dt} = \frac{V\,dy}{dt} + y\,(F_{ein} - F_{aus}) \tag{7.3}$$

und

$$\frac{1}{V}\frac{d(Vy)}{dt} = \frac{dy}{dt} + Dy(1-\gamma) \tag{7.4}$$

für jede extensive Eigenschaft y, wobei wie zuvor gilt:

$$D = F_{ein}/V \quad \text{und} \quad \gamma = F_{aus}/F_{ein}$$

Kombinieren wir die Gl. (2.16) und (7.4), können wir die allgemeine Bilanzgleichung formulieren als:

$$\frac{dy_{\text{aus}}}{dt} + Dy(1-\gamma) = \sum r_{\text{gen}} - \sum r_{\text{con}} + D\left(y_{\text{ein}} - \gamma y_{\text{aus}}\right). \tag{7.5}$$

Da wir annehmen, daß $y = y_{\text{aus}}$ ist, führt dies zu dem etwas überraschenden Endergebnis:

$$\frac{dy_{\text{aus}}}{dt} = \sum r_{\text{gen}} - \sum r_{\text{con}} + D\left(y_{\text{ein}} - y_{\text{aus}}\right). \tag{7.6}$$

Dies ist im Erscheinungsbild identisch mit der allgemeinen Form, die bereits für die Bilanzgleichung (2.16), aus Abschn. 2.4, auf Prozesse mit konstantem Volumen ($\gamma = 1$) angewendet wurde (Gl. (6.1)). Ein offensichtlicher, wesentlicher Unterschied zu einem kontinuierlichen System mit konstantem Zulauf und Volumen besteht darin, daß D nicht konstant ist, wenn z.B. F_{ein} konstant gehalten wird!

Doch obwohl der Term $D\left(y_{\text{ein}} - y_{\text{aus}}\right)$ in beiden Gleichungen gleich aussieht, *hat er nicht die gleiche physikalische Bedeutung*. In beiden Fällen, dem Prozeß mit konstantem wie auch demjenigen mit variablem Volumen, steht der Term Dy_{ein} für den Anteil der extensiven Eigenschaft, die mit dem Zufluß eingebracht wurde. Im Prozeß mit konstantem Volumen entspricht der Term Dy_{aus} dem Anteil der extensiven Größe, der mit dem Austrag austritt. Im Prozeß mit variablem Volumen ist der Term Dy_{aus} zusammengesetzt aus:
dem Anteil, der mit dem Austrag abläuft:

$$= \frac{F_{\text{aus}}}{V} y_{\text{aus}} = \frac{\gamma F_{\text{ein}}}{V} y_{\text{aus}} = \gamma D y_{\text{aus}}$$

und dem Effekt der Verdünnung des Mediums:

$$= \frac{F_{\text{ein}} - F_{\text{aus}}}{V} y_{\text{aus}} = \frac{F_{\text{ein}}\left[1 - (F_{\text{aus}}/F_{\text{ein}})\right]}{V} y_{\text{aus}} = D(1-\gamma) y_{\text{aus}}.$$

Daraus folgt:

$$\frac{F_{\text{aus}}}{V} y_{\text{aus}} + \frac{F_{\text{ein}} - F_{\text{aus}}}{V} y_{\text{aus}} = \gamma D y_{\text{aus}} + D(1-\gamma) y_{\text{aus}} = D y_{\text{aus}},$$

so daß der Abfluß-Effekt einen Teil des Verdünnungseffekts aufhebt.

Erfolgt kein Austrag, ist der Verdünnungseffekt beim Zulauf-Prozeß ausschließlich dem Zufluß zuzuschreiben ($D = F_{\text{ein}}/V$). Beachten wir, daß die y-Werte immer noch als y_{aus} bezeichnet werden. Wir haben diesen Index verwendet, um den allgemeinen Fall hervorzuheben, daß die Variablenwerte im Austrag gleich den Werten sind, die im Kontrollvolumen verbleiben.

Für den allgemeinen Fall, daß ein Prozeß mit variablem Volumen vorliegt, lautet der gesamte Satz Bilanzgleichungen wie folgt:
Lebende Zellen:

$$\frac{dx_{\text{v, aus}}}{dt} = r_{\text{x}} - r_{\text{d}} + D\left(x_{\text{v, ein}} - x_{\text{v, aus}}\right) \tag{7.7}$$

Avitale Zellen:

$$\frac{dx_{\mathrm{d,\,aus}}}{dt} = r_{\mathrm{d}} + D\left(x_{\mathrm{d,\,ein}} - x_{\mathrm{d,\,aus}}\right) \tag{7.8}$$

Substrat:

$$\frac{dS_{\mathrm{aus}}}{dt} = -\left(r_{\mathrm{sx}} + r_{\mathrm{sm}} + r_{\mathrm{sp}}\right) + D\left(S_{\mathrm{ein}} - S_{\mathrm{aus}}\right) \tag{7.9}$$

Produkt:

$$\frac{dP_{\mathrm{aus}}}{dt} = r_{\mathrm{p}} + D\left(P_{\mathrm{ein}} - P_{\mathrm{aus}}\right) \tag{7.10}$$

Volumen:

$$\frac{dV}{dt} = F_{\mathrm{ein}} - F_{\mathrm{aus}}. \tag{7.11}$$

Beachten wir, daß $D = F_{\mathrm{ein}}/V$ gilt.

Diese Gleichungen bilden zusammen mit dem Satz Geschwindigkeitsgleichungen und den Eingangs- und Randbedinungen das mathematische Modell eines Zulauf-Prozesses. An dieser Stelle sei darauf hingewiesen, daß für numerische Lösungen auch direkt die Gesamtmassenbilanz (2.13) und die Gleichung (2.16) nach Einsetzen der jeweiligen Variablen verwendet werden können. Die Konzentrationen folgen direkt durch Division der extensiven Größe durch das jeweilige Volumen.

7.2 Modelling-Beispiele für den Zulauf-Betrieb

Wenn wir annehmen, daß $x_{\mathrm{v,\,ein}} = x_{\mathrm{d,\,ein}} = P_{\mathrm{ein}} = F_{\mathrm{aus}} = 0$ ist, haben wir den klassischen Zulauf-Prozeß, typisch für eine Typ 2 und Typ 3 Produktbildung mit kontinuierlichem Eintrag des limitierenden Substrats, normalerweise eine Kohlenstoff-Energiequelle in einem zellfreien Zulauf, und ohne Austrag bis zum Prozeßende. Als einen möglichen Satz Geschwindigkeitsgleichungen können wir verwenden:

für Wachstum:

$$r_{\mathrm{x}} = \mu x_{\mathrm{v}} = \frac{\mu_{\mathrm{m}} S}{k_{\mathrm{s}} + S} x_{\mathrm{v}} \tag{3.6}$$

für Zelltod:

$$r_{\mathrm{d}} = k_{\mathrm{d}} x_{\mathrm{v}} \tag{3.17}$$

zur Substrataufnahme:

$$r_{sx} = \frac{r_x}{Y'_{x/s}} \tag{3.29}$$

$$r_{sm} = m_s x_v \tag{3.14}$$

$$r_s = \frac{r_P}{Y'_{P/s}} \tag{3.28}$$

zur Produktbildung:

$$r_P = \beta x_v. \tag{3.20}$$

Dabei ist zu beachten, daß der Operator in einer normalen Prozeßsituation beide Parameter, S_{ein} und F_{ein}, manipulieren kann. Wie später gezeigt wird, ist es aus rein mathematischer Sicht besser, für S_{ein} hohe, und für F_{ein} geringe Werte (z.B. einen konzentrierten Eintragsstrom) zu wählen. Wegen der Beschränkungen bei einer Vermischung können jedoch erhebliche praktische Schwierigkeiten auftreten, wenn im Fermenter eine einheitliche (und niedrige) Konzentration an Zucker oder anderem limitierendem Substrat erreicht werden soll. Somit gibt es eine praktische Grenze für den maximal verwendbaren Wert für S_{ein}.

Dieser spezielle Fall ist ein Beispiel für die Anwendung von mathematischen Modellen für „was – wenn"-Rechnerexperimente, wie sie bei der Ausführung eines Zulauf-Prozesses für eine Vielzahl von Fragestellungen eingesetzt werden können. Der Prozeß kann sehr leicht mit Hilfe von einfachen Erweiterungen des Modells zur Berücksichtigung einiger apparativer Faktoren untersucht werden.

Bei einer typischen praktischen Anwendung auf den Zulauf-Betrieb bestünde eine mögliche Aufgabe darin, hohe Produktbildungsraten bei Nullwachstum zu erzielen.

Eine hohe Produktbildungsrate fordert eine hohe Konzentration an lebenden Zellen, wie aus den Bilanzgleichungen für die Produkte (Gl. (7.10) und (3.20)) folgt. Die erste Prozeßstufe besteht deshalb darin, eine hohe Zellkonzentration aufzubauen, gefolgt von einer Phase, bei der das Wachstum unterdrückt und nur genug Substrat zur Zellerhaltung und Produktbildung bereitgestellt wird.

Wir können diese zweite Stufe separat betrachten und erhalten:

Für Nullwachstum, $\mu = 0$, gilt folglich:

$$S = 0, \quad \frac{dS}{dt} = 0 \quad \text{und} \quad r_x = 0.$$

Kombiniert man die Geschwindigkeitsgleichungen mit den Bilanzgleichungen, ergibt sich:

$$\frac{dx_v}{dt} = -k_d x_v - D x_v \tag{7.11}$$

$$\frac{dx_d}{dt} = k_d x_v - D x_d \tag{7.12}$$

$$0 = -\left[m_s x_v + \frac{x_v}{Y'_{p/s}}\right] + D S_{ein} \tag{7.13}$$

$$\frac{dP}{dt} = \beta x_v - DP \tag{7.14}$$

$$\frac{dV}{dt} = F_{ein}. \tag{7.15}$$

Beachten wir, daß die D betreffenden Terme in den oberen Gleichungen, wie für diesen Fall bereits angedeutet, einfach den Verdünnungseffekt für den Zulauf beschreiben. Dies darf nicht mit dem Einfluß der Verdünnungsrate in einem echten Chemostaten verwechselt werden. Die Lösung dieser Gleichungen für ein optimal arbeitendes System ist, wie weiter unten gezeigt wird, am einfachsten, wenn wir S_{ein} festlegen und F_{ein} erlauben zu variieren.

Die Substratbilanz (7.13) läßt sich umstellen zu:

$$0 = -k S_{ein}\, x_v + D S_{ein}, \tag{7.16}$$

wobei

$$k = -\left[m_s x_v + \frac{x_v}{Y'_{p/s}}\right] \frac{1}{S_{ein}}, \tag{7.17}$$

und eine Konstante ist, vorausgesetzt daß S_{ein} konstant gehalten wird.

Aus Gl. (7.16) erhalten wir $D = k x_v$, welches durch Einsetzen in Gl. (7.11) ergibt:

$$\frac{dx_v}{dt} = -\,(k_d + k x_v)\, x_v.$$

Dies läßt sich (mit Hilfe einer Standard-Integrationstabelle) integrieren zu:

$$x_v = \frac{k_1 k_d \exp(-k_d t)}{1 - k_1 k \exp(-k_d t)}, \tag{7.18}$$

wobei

$$k_1 = \frac{x_v(0)}{k_d + k x_v(0)}$$

- $x_v(0)$ ist der Wert für die Konzentration an lebenden Zellen zu Beginn der Zulaufphase für die betrachtete Charge
- t ist die Zeit, beginnend mit der Zulauf-Phase.

Das Volumen erhält man aus der Substitution von F_{ein} $(= k x_v V)$ in Gl. (7.15), welche direkt integriert werden kann, da x_v bereits als Funktion der Zeit vorliegt (Gl. (7.18)).

Die Ausdrücke für x_d und P sind komplizierter, wenn wir jedoch:

$$f(t) = \int_0^t x_v dt \tag{7.20}$$

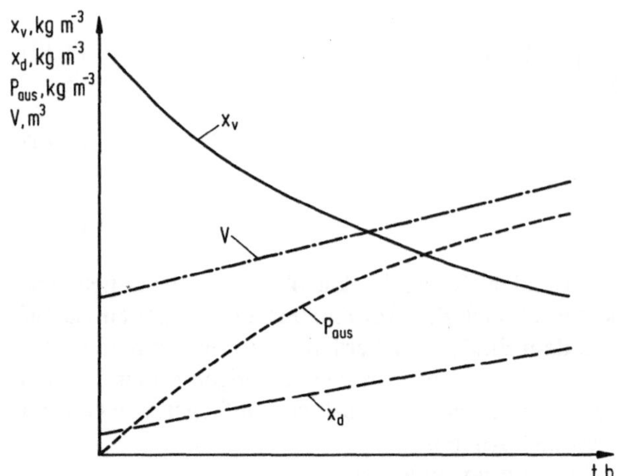

Abb. 7.1. Simulierte Kurven für einen Zulauf-Betrieb

setzen, lautet die Gleichung für P:

$$P = \frac{\beta}{k}\left\{1 - \exp\left[-kf(t)\right]\right\}. \tag{7.21}$$

Typische Grafiken dieser Ausdrücke sind in Abb. 7.1 dargestellt.

Für den idealisierten Fall, daß kein Zelltod vorliegt, d.h. $k_d = 0$, und die zweite Gleichung im Modell eliminiert werden kann, sind die analytischen Lösungen wesentlich einfacher. Sie lauten:

$$x_v = \frac{x_v(0)}{1 + kx_v(0)t} \tag{7.22}$$

$$F = kx_v(0)V(0) \tag{7.23}$$

$$P = \frac{\beta x_v(0)t}{1 + kx_v(0)t}. \tag{7.24}$$

Wie zuvor ist $x_v(0)$ die Zellkonzentration zu Beginn der Zulauf-Phase und $V(0)$ das korrespondierende Volumen.

8 Der Chemostat mit Recycling

8.1 Der Auswaschpunkt bei kontinuierlicher Kultur

Aus den Gleichungen für einen einfachen Chemostaten folgt, daß die maximal verwendbare Verdünnungsrate auf einen Wert beschränkt ist, der geringfügig unter der maximalen spezifischen Wachstumsrate μ_m liegen muß. Dieser Wert wird als kritische Verdünnungsrate, D_c, bezeichnet.

Ein „Auswaschen“ findet dann statt, wenn Zellen mit einer Rate ($D_c x_v$) aus dem Fermenter entfernt werden, die genau gleich der Maximalrate ist, mit der sie im Fermenter wachsen können. Diese ist gleich ($\mu x_v - k_d x_v$), so daß der kleinste Anstieg von D bewirkt, daß die Gleichgewichtskonzentration auf Null abfällt.

Dieses maximale Wachstum im Fermenter erfolgt, wenn:

$$\mu = \frac{\mu_m S}{k_s + S_{ein}},$$

da S_{ein} gleich der maximalen Substratkonzentration ist, die im Fermenter auftreten kann. Da der Wert von k_s im Vergleich zu S_{ein} klein ist, ergibt sich:

$$D_c = \mu_m \frac{S_{ein}}{k_s + S_{ein}} - k_d \approx \mu_m - k_d. \tag{8.1}$$

Selbstverständlich existieren oder wachsen in dem Gleichgewichtszustand am Auswaschpunkt keine Zellen, und das Substrat wandert unverändert durch den Fermenter. In der Praxis kann die Vermischung weniger vollständig sein und einige Zellen können als Rückstand im Fermenter verbleiben. Ein plötzlicher Anstieg von S im Auslauf, wenn die Verdünnungsrate in Richtung D_c erhöht wird, wird normalerweise als Indikator für ein bevorstehendes Auswaschen gewertet. Die Geschwindigkeit dieses Vorgangs hängt von den relativen Größen von k_s und S ab.

Diese Einschränkung für eine maximal anwendbare Verdünnungsrate begrenzt die Produktivität eines Fermenters (Dx_v oder DP in [kg m^{-3} h^{-1}]), welche für eine Verdünnungsrate, die etwas kleiner als D_c ist, maximal wird. Die Anwendung der Technik, die als Zellen-Recycling bekannt ist, hebt diese Beschränkung zu einem gewissen Grad auf.

8.2 Recycling-Systeme

In einem Chemostaten mit Zellen-Recycling ist das gesamte auslaufende Medium oder der Teil, der aus dem System entfernt wird, entweder vollkommen frei von Zellen oder hat eine Zellkonzentration, die geringer ist als die Konzentration im Chemostaten selbst. Dies läßt sich entweder innerhalb des Chemostaten durch Filterung oder Klärung dieses Teils des auslaufenden Mediums erreichen, oder extern unter Verwendung einer getrennten Vorrichtung wie Filter, Absetzbehälter oder kontinuierlicher Zentrifuge; verschiedene Wege hierfür sind schematisch in Abb. 8.1 gezeigt.

Ein praktisches Beispiel für diese Systemart wäre das bekannte „Belebtschlamm-Verfahren“ zur Abwasserbehandlung, welches in der Regel geeignete Kombinationen der Einrichtungen (a) und (c) der Abb. 8.1 enthält. Neuere Anwendungen auf so verschiedenartige Prozesse wie die Ethanol-Fermentationen oder die Bildung hochwertiger bakterieller Produkte sind im allgemeinen noch im Forschungsstadium.

Praktisch jedoch entsprechen sich alle Verfahren bei einer mathematischen Analyse darin, daß sie einen Austragsstrom mit einer Zellkonzentration besitzen, der gleich der internen Zellkonzentration, multipliziert mit einer Konstanten, δ, ist. Diese bezeichnen wir als Separationskonstante. Es gilt $0 < \delta < 1$. Das abstrakte physikalische Modell für ein solches System ist mit der entsprechenden Nomenklatur in Abb. 8.2 gezeigt.

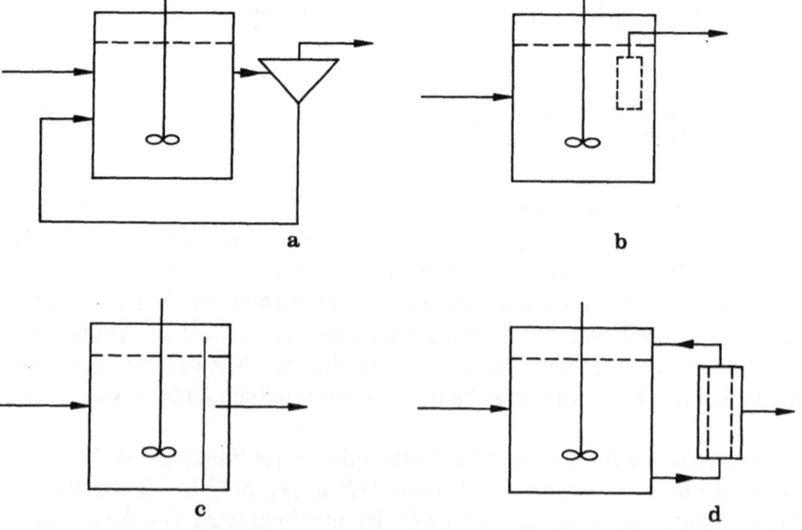

Abb. 8.1. Apparaturen zur Rückgewinnung von Zellen. **a** Externer Abscheider oder Zentrifuge; **b** interner Filter; **c** interner Abscheider; **d** externer Filter mit Kreuzstrom-Führung

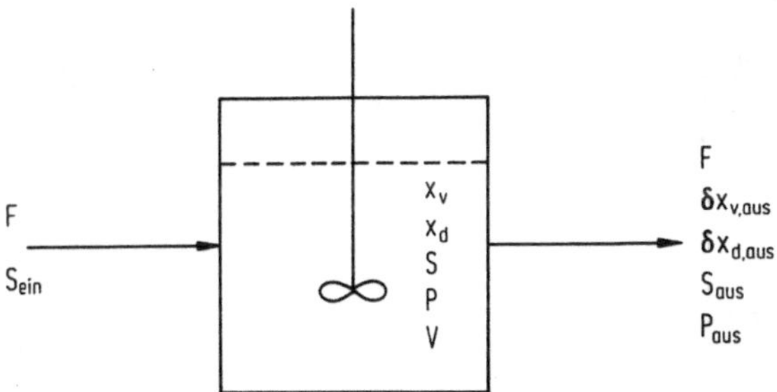

Abb. 8.2. Chemostat mit Zellen-Recycling. F = Durchflußrate [m^3 h^{-1}]; x_v = Konzentration lebender Zellen [kg m^{-3} h^{-1}]; x_d = Konzentration avitaler Zellen [kg m^{-3} h^{-1}]; S = Konzentration an limitierendem Substrat [kg m^{-3} h^{-1}]; P = Produktkonzentration [kg m^{-3} h^{-1}]; δ = Separationsfaktor; ein, aus = Ein- bzw. Auslaßbedingungen; V = Reaktionsvolumen [m^3]

Für alle diese Systeme liefert wieder Gl. (6.1) die Materialbilanz für die allgemeine intensive Eigenschaft y, nur daß wir im hier zu diskutierenden stationären Fall $dy/dt = 0$ setzen, und daß $y = y_{aus}$ nur für Substanzen gilt, die in der Flüssigphase gelöst sind. In diesem Fall wird $x_{v,\,aus}$ zu δx_v und $x_{d,\,aus}$ zu δx_d, wobei x_v und x_d die internen Zellkonzentrationen bezeichnen.

Eine Separationskonstante von $\delta = 0$ bedeutet, daß alle Zellen im Fermenter zurückgehalten (oder zurückgeführt) werden, und daß die Biomasse im Chemostaten ohne Zell-Lysis oder endogene Respiration grenzenlos ansteigen würde; in der Praxis begrenzen der Gastransport oder die Produktinhibition dieses Wachstum.

Ist $\delta = 1$, liegt ein einfacher Chemostat ohne Recycling vor.

Die Gleichgewichte erhält man durch Modifizierung der Gleichungen aus Kap. 6 für $x_{v,\,ein} = x_{d,\,ein} = P_{ein} = 0$, sie lauten für:
Lebende Zellen:

$$0 = r_x - r_d - \delta D x_v \tag{8.2}$$

Avitale Zellen:

$$0 = r_d - \delta D x_d \tag{8.3}$$

Substrat:

$$0 = -\left(r_{sx} + r_{sm} + r_{sp}\right) + D\left(S_{ein} - S_{aus}\right) \tag{8.4}$$

Produkt:

$$0 = r_p - DP. \tag{8.5}$$

Folgt man dem Verfahren, das in Abschn. 6.1 für den einfachen Chemostaten dargelegt wurde und beachtet man, daß die Geschwindigkeitsgleichungen alle eine Funktion der internen Zellkonzentrationen x_v oder x_d sind, erhält man als analytische Lösungen:

$$S = \frac{k_s(\delta D + k_d)}{\mu_m - (\delta D + k_d)} \tag{8.6}$$

$$x_v = \frac{D\,(S_{ein} - S_{aus})}{\frac{\delta D + k_d}{Y'_{x/s}} + m_s + \frac{\alpha(\delta D + k_d) + \beta}{Y'_{p/s}}} \tag{8.7}$$

$$x_d = \frac{k_d x_v}{\delta D} \tag{8.8}$$

$$P_{aus} = \frac{[\alpha(\delta D + k_d) + \beta]\,x_v}{D} \tag{8.9}$$

Randbedingungen:

$$0 \le S \le S_{ein}; \quad 0 \le x_v; \quad 0 \le x_d \le x_v; \quad 0 \le P_{aus}.$$

Zur einfachen Überprüfung gilt, daß sich diese Gleichungen für $\delta = 1$ auf die Gleichungen für einen einfachen Chemostaten zurückführen lassen.

Die Verdünnungsrate für das Auswaschen ist nun gegeben durch:

$$\delta D_c x_v = \text{Maximalwert von } (\mu x_v - k_d x_v)\,,$$

was bedeutet, daß:

$$D_c = \frac{\mu_m S_{ein}}{\delta\,(k_s + S_{ein})} - \frac{k_d}{\delta} \approx \frac{\mu_m - k_d}{\delta}. \tag{8.10}$$

Somit gilt, daß die maximal mögliche Verdünnungsrate um so größer wird, je kleiner der Faktor δ ist. Noch einmal: die Zellkonzentration x_v (und damit die

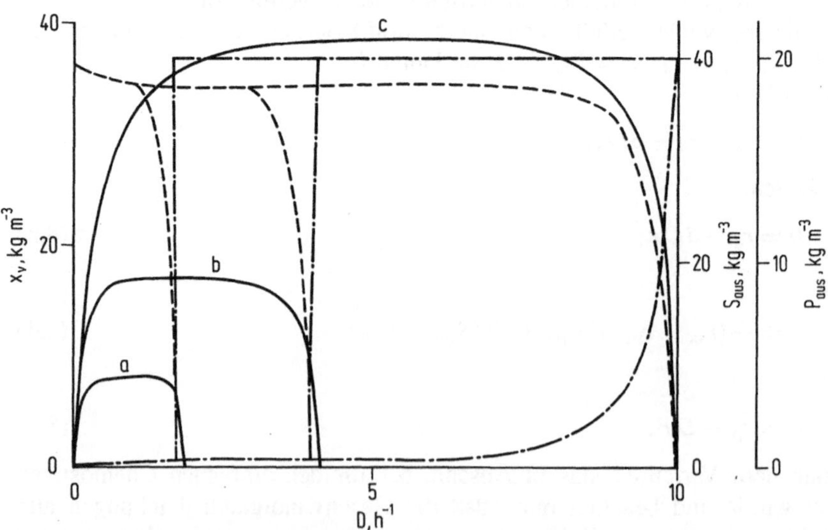

Abb. 8.3. Einfluß des Separationsfaktors δ auf die Betriebsdaten eines Chemostaten. (Verwendet wurden die Gln. (8.6), (8.7) und (8.9), mit $k_s = 0{,}5\ h^{-1}$; $\mu_m = 1{,}05\ h^{-1}$; $k_d = 0{,}01\ h^{-1}$; $Y_{x/s} = 0{,}5$; $Y_{p/s} = 0{,}51$; $\alpha = 4{,}4$; $\beta = 0{,}03$; $S_{ein} = 40$ kg m^{-3}; $m_s = 0$.
— x_v; —·— S_{aus}; - - - P_{aus}; *a* $\delta = 0{,}5$; *b* $\delta = 0{,}25$; *c* $\delta = 0{,}1$

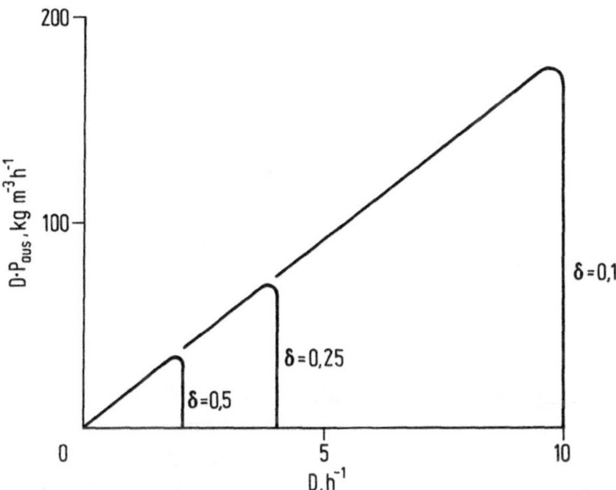

Abb. 8.4. Einfluß des Separationsfaktors auf die Produktivität des Chemostaten DP_{aus} (Parameter wie in Abb. 8.3)

Produktkonzentration) steigt für jede gegebene Verdünnungsrate, wenn δ kleiner wird.

Diese Größen sind in Abb. 8.3 für verschiedene Werte der Separationskonstanten δ unter Verwendung repräsentativer Werte für die Parameter gegen die Verdünnungsrate aufgetragen. Die zugehörigen Produktivitäten $P_{aus}D$ sind in Abb. 8.4 dargestellt. Es wird gezeigt, daß sich tatsächlich alle Vorteile dieser Prozeßführung direkt proportional zur Effektivität der Zellseparation verhalten, d.h. zur Größe des Kehrwerts $1/\delta$, der manchmal auch Anreicherungsfaktor genannt wird.

In aeroben Prozessen sind der Steigerung der Produktivität durch den Sauerstofftransport Grenzen gesetzt.

9 Sauerstoff Transport

9.1 Kinetische Modelle

Wir sind bereits, zumindest in qualitativen Ausdrücken, einem Problem begegnet, das aus der Limitierung durch den Massentransport erwachsen ist, als wir im vorangehenden Abschnitt die Prozesse mit Zulauf behandelt haben. Dies war das Problem der ausreichenden Dispersion einer konzentrierten Substratlösung, die einen Misch-Fermenter beliefern soll. Ein ähnliches Problem, welches bei der Behandlung von Abwasser wesentlich wird, stellen limitierte Diffusionsraten für Substrate und Produkte in bzw. aus Mycel-Pelets, Pilzmatten, Bakterienfilmen oder Schlamm dar. Jedoch ist für nahezu alle aeroben Fermentationen das allgemeinste dieser Probleme der eingeschränkte Sauerstoff-Transport, theoretisch aus der Gasphase in die Zellen, in der Praxis durch die Phasengrenze zwischen Gas und Flüssigkeit.

Dieses Problem ist von genügend allgemeiner Bedeutung, um eine getrennte Behandlung an dieser Stelle zu rechtfertigen. Seine praktische Bedeutung wird oft nicht erkannt oder bei Laborversuchen übersehen. Ingenieurswissenschaftliche Studien über den Mechanismus des Sauerstoff-Transports liefern nur einen Teil des Bilds, hier sind wir mit dem anderen Teil dieses Bildes befaßt, namentlich mit dem Einfluß der Sauerstoff-Zufuhr (oder seiner Begrenzung) auf die Fermentationskinetik, welche wir bereits für allgemeine Fälle entwickelt haben. Der Einfachheit halber, und um die Aufmerksamkeit auf die wichtigsten Aspekte zu konzentrieren, vernachlässigen wir den Einfluß des Zelltods und der Produktbildung und konzentrieren uns auf die Effekte des Zellwachstums und der Substratausnutzung.

Wegen seiner recht geringen Löslichkeit in Flüssigkeiten, wird Sauerstoff nur zu einem unbedeutenden Teil mit dem Zulauf eingespeist, oder mit dem Ablauf ausgetragen, so daß in der Substratbilanz für den Sauerstoff kein Eintragsterm für den Massenstrom auftritt, s. Abb. 9.1. Folglich besteht der Term für den Sauerstoffeintrag in die Kontrollregion (die Flüssigphase) nur aus der Massentransfer-Rate, die gegeben ist durch:

$$N_a = k_L a \left(C_g^* - C_O\right), \tag{2.1}$$

wobei

N_a die Sauerstoff-Transportrate in [kg m^{-3} h^{-1}] ist,

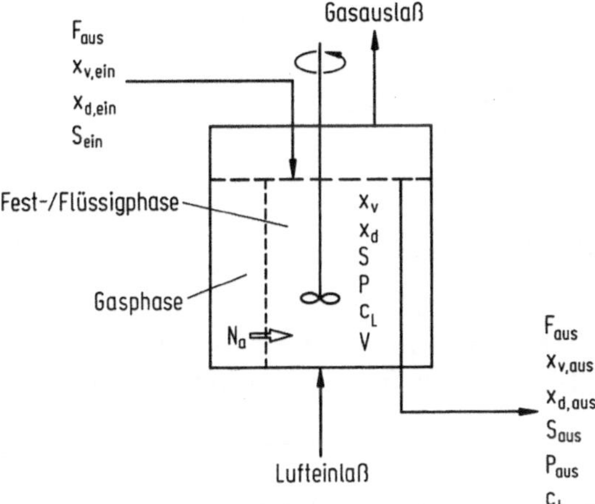

Abb. 9.1. Allgemeiner Prozeß einer Fermentation in einem einfachen Rührkessel. (Die Gas- und Fest-/Flüssigphase wurden zum Zweck der Illustration separiert.) N_a = Rate des Sauerstoff-Transfers aus der Luft in die Flüssigkeit, C_L = Konzentration an gelöstem Sauerstoff. Alle anderen Parameter entsprechen der Abb. 2.3

$k_L a$ ist der Massentransportkoeffizient in $[h^{-1}]$, wie zuvor beschrieben (s. Abschn. 2.3.1). In der Praxis handelt es sich um ein Charakteristikum für eine bestimmte Fermenterkonfiguration, die unter bestimmten Bedingungen arbeitet. Bei unserer Diskussion erscheint der gesamte Term tatsächlich als nur eine Konstante, während die Konstante k_L und die Phasengrenzfläche a in ingenieurswissenschaftlichen Beschreibungen nach Möglichkeit getrennt betrachtet werden.

C_g^* steht für die Sauerstoff-Konzentration in der Flüssigphase, im thermodynamischen Gleichgewicht mit der Gasphase in $[kg\ m^{-3}]$ und

C_O für die tatsächliche Sauerstoff-Konzentration in der Flüssigphase in $[kg\ m^{-3}]$.

Es ist sehr hilfreich, den Effekt der Sauerstoff-Limitierung als zusätzlichen begrenzenden Faktor zu betrachten. Deshalb nehmen wir an, daß sowohl der Sauerstoff als auch eines der in der Flüssigkeit gelösten Substrate die Reaktion kontrolliert. Damit erhalten wir (unter Vernachlässigung der avitalen Zellen und für $F_{ein} = F_{aus} = F$) als einen denkbaren Satz Gleichungen:

Gleichgewichte:
für Zellen:

$$\frac{d\left(V x_{v,\,aus}\right)}{dt} = V r_x + F\left(x_{v,\,ein} - x_{v,\,aus}\right) \tag{9.1}$$

für das lösliche Substrat:

$$\frac{d\,(V S_{\text{aus}})}{dt} = -V\,(r_{\text{sx}} + r_{\text{sm}}) + F\,(S_{\text{ein}} - S_{\text{aus}}) \tag{9.2}$$

für Sauerstoff:

$$\frac{d(V C_{\text{o}})}{dt} = -V\,(r_{\text{ox}} + r_{\text{om}}) + V N_{\text{a}}, \tag{9.3}$$

wobei

$r_{\text{ox}} =$ Rate des Sauerstoff-Verbrauchs zur Erzeugung von Biomasse
$r_{\text{om}} =$ Rate des Sauerstoff-Verbrauchs für die Erhaltungsenergie der Zellen.

Geschwindigkeitsgleichungen:
Unter Anwendung der Kinetik für doppelt limitierendes Substrat können wir, wie in Kap. 3, mit Sauerstoff als einem begrenzenden Substrat, für das Zellwachstum setzen:

$$r_{\text{x}} = \mu x_{\text{v}} = \mu_{\text{m}} \frac{S_{\text{aus}}}{k_{\text{s}} + S_{\text{aus}}} \frac{C_{\text{o}}}{k_{\text{o}} + C_{\text{o}}} x_{\text{v, aus}}, \tag{3.9}$$

wobei k_{o} das Äquivalent von k_{s} für die Sauerstoffaufnahme durch die Zellen bedeutet.

Für die Raten der Substrataufnahme, die zu Zellwachstum und Erhaltung führen, ergibt sich:

$$r_{\text{sx}} = \frac{r_{\text{x}}}{Y'_{\text{x/s}}} \quad \text{und} \quad r_{\text{sm}} = m_{\text{s}} x_{\text{v}}.$$

Die Raten für den Sauerstoff-Transport durch die Phasengrenze zwischen Gas und Flüssigkeit sind durch Gl. (2.1) gegeben:

$$N_{\text{a}} = k_{\text{L}} a \left(C_{\text{g}}^* - C_{\text{o}}\right).$$

Die Raten für den Sauerstoff-Verbrauch für Zellwachstum und Erhaltung lauten:

$$r_{\text{ox}} = \frac{r_{\text{x}}}{Y'_{\text{x/o}}}, \quad r_{\text{om}} = \frac{r_{\text{sm}}}{Y_{\text{s/o}}},$$

wobei die Ausbeutekonstanten im Hinblick auf den Sauerstoff-Verbrauch auf die übliche Art definiert sind (siehe unten).

Zusätzlich zu diesen Gleichungen gilt auch die thermodynamische Gleichung (Henry Gesetz):

$$C_{\text{g}}^* = p_{\text{o}}/H,$$

dabei ist p_{o} der Partialdruck von Sauerstoff in der Gasphase in [bar] und H die Henry-Konstante in [bar m^3 kg^{-1}] bezogen auf Sauerstoff.

Die Randbedingungen für diesen Fall lauten:

$$0 \le x_{\text{v, aus}}; \quad 0 \le S_{\text{aus}} \le S_{\text{ein}}; \quad 0 \le C_{\text{o}} \le C_{\text{g}}^*.$$

Es sollte beachtet werden, daß die Ausbeutefaktoren für die Sauerstoff- und die Substrat-Aufnahme in den Geschwindigkeitsgleichungen keine wahren stöchiometrischen Koeffizienten darstellen, da sie die jeweiligen Voraussetzungen für die Energieversorgung von Synthese-Reaktionen der Zelle enthalten. Der Ausbeutefaktor, der die Sauerstoff-Aufnahme zur Zellerhaltung mit der Substrataufnahme zur Zellerhaltung verknüpft, ist ein wahrer Ausbeutekoeffizient, da er aus der Stöchiometrie der Oxidationsreaktion für das Substrat berechnet werden kann, s. Abschn. 3.6.

Diese Gleichungen bilden zusammen mit den Rand- und Eingangsbedingungen für die Zustandsvariablen $x_{\mathrm{v,\,aus}}$, S_{aus} und C_{o} ein Modell für den Prozeß, welches wir auf spezielle Systeme anwenden können. Im folgenden, erläuternden Abschnitt wird es auf die Effekte angewendet, die der Sauerstoff-Limitierung zugeschrieben werden und denen man wahrscheinlich begegnet, wenn man mit einem stationären Chemostaten arbeitet.

9.2 Der Chemostat mit Sauerstoff-Limitierung

Wie in Kap. 6 gezeigt, sind im stationären Zustand alle Ableitungen gleich Null. In einem einstufigen System mit sterilem Zulauf ist $x_{\mathrm{v,\,ein}}$ ebenfalls Null; ein konstantes Volumen haben wir bereits vorausgesetzt. Mit diesen Annahmen lassen sich die algebraischen Beziehungen wie zuvor entwickeln.

Aus der Zellbilanz erhalten wir:

$$r_{\mathrm{x}} = D x_{\mathrm{v,\,aus}} = \mu x_{\mathrm{v,\,aus}} = \mu_{\mathrm{m}} \frac{S_{\mathrm{aus}}}{k_{\mathrm{s}} + S} \frac{C_{\mathrm{o}}}{k_{\mathrm{o}} + C_{\mathrm{o}}} x_{\mathrm{v,\,aus}}, \tag{9.4}$$

mit der nicht-trivialen Lösung:

$$D = \mu = \mu_{\mathrm{m}} \frac{S_{\mathrm{aus}}}{k_{\mathrm{s}} + S} \frac{C_{\mathrm{o}}}{k_{\mathrm{o}} + C_{\mathrm{o}}} x_{\mathrm{v,\,aus}}, \tag{9.5}$$

Unglücklicherweise kann diese nicht wie im vorherigen Fall (Kap. 6) mit nur einem begrenzenden Substrat direkt für S oder C gelöst werden.

Aus der Bilanz für das lösliche Substrat, Gl. (9.2), erhalten wir:

$$x_{\mathrm{v,\,aus}} = \frac{D Y'_{\mathrm{x/s}} (S_{\mathrm{ein}} - S_{\mathrm{aus}})}{D + m_{\mathrm{s}} Y'_{\mathrm{x/s}}} \tag{9.6}$$

und aus der Sauerstoff-Bilanz, Gl. (9.3):

$$x_{\mathrm{v,\,aus}} = \frac{Y'_{\mathrm{x/o}} [k_{\mathrm{L}} a \left(C^*_{\mathrm{g}} - C_{\mathrm{o}} \right) - D C_{\mathrm{o}}}{D + m_{\mathrm{s}} Y'_{\mathrm{x/o}} / Y_{\mathrm{s/o}}}. \tag{9.7}$$

Die letzte Gleichung läßt sich vereinfachen zu:

$$x_{\mathrm{V,\,aus}} = \frac{Y'_{\mathrm{x/o}} k_{\mathrm{L}} a \left(C^*_{\mathrm{g}} - C_{\mathrm{o}} \right)}{D + m_{\mathrm{s}} Y'_{\mathrm{x/o}} / Y_{\mathrm{s/o}}} \tag{9.8}$$

da unter allen normalen Umständen $k_{\mathrm{L}}a \gg D$ ist.

Beachten wir, daß hier drei unabhängige Gleichungen vorliegen, deshalb ist es möglich, alle drei Variablen, $x_{\mathrm{V,\,aus}}$, S_{aus} und C_{o} als Funktion von D und S_{ein} zu bestimmen.

Jedoch existiert keine einfache Lösung wie für den Fall, daß nur ein begrenzendes Substrat vorliegt. Als aufschlußreiche Näherungen können die beiden extremen Bedingungen, der Begrenzung durch das lösliche Substrat und durch das Sauerstoff-Substrat, getrennt betrachtet werden.

Begrenzt nur Sauerstoff die Reaktion, nehmen wir an, daß S_{aus} so viel größer als k_{s} ist, daß das Verhältnis $S_{\mathrm{aus}}/\,(k_{\mathrm{s}} + S_{\mathrm{aus}}) = 1$ ist.

Analog wird für die Limitierung durch lösliches Substrat vorausgesetzt, daß C_{o} wesentlich größer als k_{o} ist, so daß das Verhältnis $C_{\mathrm{o}}/\,(k_{\mathrm{o}} + C_{\mathrm{o}})$ auch gleich eins gesetzt werden kann.

Unter jeder dieser Bedingungen ist die algebraische Lösung der Gleichungen relativ einfach, sie wird in den folgenden Abschnitten entwickelt. Danach werden wir die Bedingungen für das Zwischenstadium als Spezialfall betrachten.

9.2.1 Begrenzung durch das lösliche Substrat, Sauerstoff im Überschuß

In diesem Fall gilt:

$$D = \mu = \mu_{\mathrm{m}} \frac{S_{\mathrm{aus}}}{k_{\mathrm{s}} + S_{\mathrm{aus}}}, \tag{9.9}$$

was die Lösungen ergibt:

$$S_{\mathrm{aus}} = \frac{k_{\mathrm{s}} D}{\mu_{\mathrm{m}} - D} \tag{9.10}$$

$$x_{\mathrm{V,\,aus}} = \frac{D Y'_{\mathrm{x/s}} \left(S_{\mathrm{ein}} - S_{\mathrm{aus}} \right)}{D + m_{\mathrm{s}} Y'_{\mathrm{x/s}}} \tag{9.11}$$

$$C_{\mathrm{o}} = C^*_{\mathrm{g}} - x_{\mathrm{V,\,aus}} \frac{D + m_{\mathrm{s}} \left(Y'_{\mathrm{x/o}} / Y_{\mathrm{s/o}} \right)}{Y'_{\mathrm{x/o}} k_{\mathrm{L}} a} \tag{9.12}$$

Die Auftragung dieser drei Zustandsvariablen gegen die Verdünnungsrate D ist in Abb. 9.2 gezeigt.

In dieser Darstellung haben wir einige Kurven für verschiedene Werte von $k_{\mathrm{L}}a$ aufgeführt, um eine Vorstellung über den Einfluß dieses wichtigsten Betriebsparameters auf das Verhalten des Chemostaten zu geben.

Sinkt $k_{\mathrm{L}}a$, sinkt der Minimalwert von C_{o}, bis er schließlich die Randbedingungen verletzt und entsprechend diesem Modell zu Null wird. Nach Gl. (9.12)

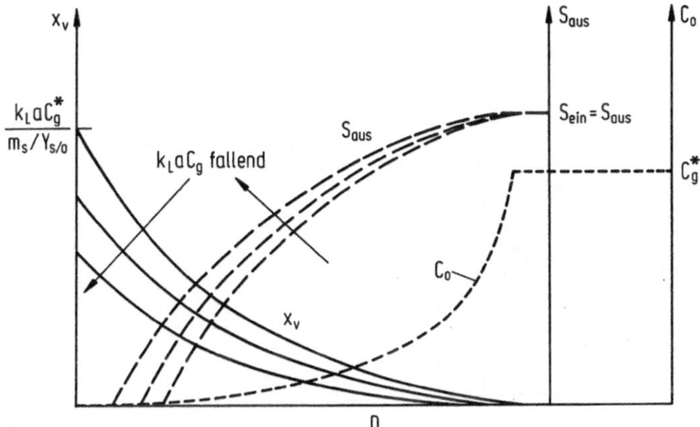

Abb. 9.2. Durch lösliches Substrat begrenzter Chemostat

erfolgt dies, wenn:

$$C_g^* = x_{v,\,aus} \frac{D + m_s \left(Y'_{x/o} / Y_{s/o} \right)}{Y'_{x/o} k_L a} \approx \frac{x_{v,\,aus} D}{Y'_{x/o} k_L a}. \tag{9.13}$$

Folglich wird in diesem zentralen Bereich der Verdünnungsrate Sauerstoff begrenzend werden und die vereinfachende Annahme, daß Sauerstoff nicht limitiert, ist nicht mehr haltbar.

9.2.2 Sauerstoff-Begrenzung, lösliches Substrat im Überschuß

In diesem Fall gilt:

$$D = \mu = \mu_m \frac{C_o}{k_o + C_o}, \tag{9.14}$$

mit den Lösungen:

$$C_o = \frac{k_o D}{\mu_m - D} \tag{9.15}$$

$$x_{v,\,aus} = \frac{Y'_{x/o} k_L a \left(C_g^* - C_o \right)}{D + m_s Y'_{x/o} / Y_{s/o}} \tag{9.16}$$

und

$$S_{aus} = S_{ein} - x_{v,\,aus} \frac{D + m_s Y'_{x/s}}{D Y'_{x/s}} \tag{9.17}$$

Das wichtigste Charakteristikum für einen durch diese Gleichungen beschriebenen Fall, in dem das begrenzende Substrat über die Gasphase angeliefert wird,

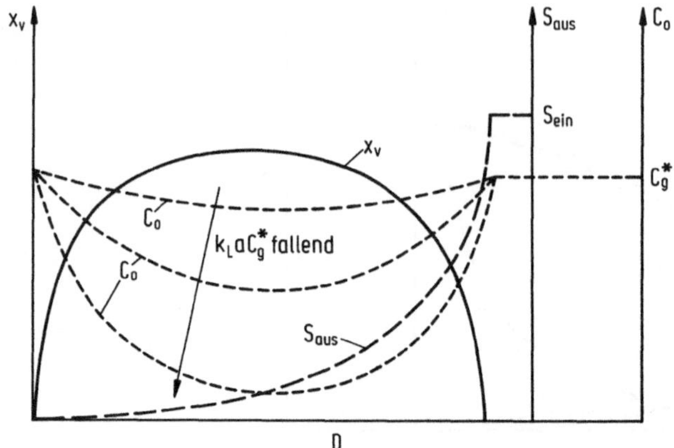

Abb. 9.3. Durch Sauerstoff-Substrat begrenzter Chemostat

ist die Abhängigkeit der Zellkonzentration von der Verdünnungsrate, im Gegensatz zu den Fällen, bei denen das begrenzende Substrat im Zulaufstrom gelöst ist. Wird das begrenzende Substrat mit dem verdünnenden Zulauf transportiert, ist die Zellkonzentration über einen weiten Bereich unabhängig von der Verdünnungsrate. Im Fall des limitierenden Sauerstoffs jedoch sinkt die Zellkonzentration hyperbolisch mit steigender Verdünnungsrate, wie aus Gl. (9.16) ersehen werden kann. Dieser Bedingung begegnet man in der Praxis häufig, und sie ist in der Tat bezeichnend für Sauerstoff-begrenzte Reaktionsbedingungen.

Das Auswaschen findet unter den Bedingungen der Sauerstoff-Limitierung dann statt, wenn $C_o = C_g^*$ ist. Aus Gl. (9.14) folgt, daß diese Bedingung erfüllt ist für:

$$D_c = \mu_m \frac{C_g^*}{k_o + C_g^*} \approx \mu_m . \qquad (9.18)$$

Dies ist dieselbe limitierende Bedingung wie zuvor.

Eine Auftragung der drei Parameter C_o, $x_{v,\,aus}$ und S_{aus} gegen die Verdünnungsrate D ist in Abb. 9.3 gegeben, wieder für einige verschiedene Werte von $k_L a$. Die hyperbolische Abnahme von $x_{v,\,aus}$ bei steigendem D ist am bemerkenswertesten.

Bei geringen Verdünnungsraten sinkt die Konzentration an löslichem Substrat, S_{aus}, auf Null, d.h., man stößt auf die untere Randbedingung. Der Wert von D, bei dem dies auftritt, ist näherungsweise gegeben durch:

$$D = \frac{Y'_{x/o} k_L a C_g^*}{Y'_{x/s} S_{ein}} \qquad (9.19)$$

D sinkt, wenn entweder $k_L a$ oder C_g^* sinken oder aber S_{ein} ansteigt.

Folglich ist (naheliegenderweise) bei geringen Verdünnungsraten die ursprüngliche Annahme, daß nur das Sauerstoff-Substrat begrenzt, nicht mehr haltbar. Deshalb ist es notwendig, den alternativen vorherigen Fall der Begrenzung durch das lösliche Substrat zu betrachten, wenn man diesen Bereich untersuchen will.

9.2.3 Doppelte Substratbegrenzung

Nun sind wir in der Lage, den Fall zu untersuchen, daß beide Substrate gleichzeitig begrenzen, welcher – wie wir gesehen haben – nur in einem engen Bereich der Verdünnungsrate auftritt. Bei Verdünnungsraten außerhalb dieses begrenzten Bereichs können wir das limitierende Substrat dadurch bestimmen, daß wir für die alternativen Möglichkeiten, die Annahme einer Sauerstoff-Begrenzung sowie die Annahme einer Limitierung durch lösliches Substrat, die beiden Werte von $x_{\mathrm{v,aus}}$ berechnen. Die Gleichung, die den niedrigeren Wert ergibt, ist die richtige.

Formal fassen wir beide alternative Bedingungen wie folgt zusammen: $x_{\mathrm{v,aus}}$ ist gleich dem niedrigeren Wert von:

$$\frac{DY'_{\mathrm{x/s}}}{D + m_{\mathrm{s}}Y'_{\mathrm{x/s}}}\left[S_{\mathrm{ein}} - \frac{k_{\mathrm{s}}D}{\mu_{\mathrm{m}} - D}\right]$$

oder

$$\frac{Y'_{\mathrm{x/o}}k_{\mathrm{L}}a}{D + m_{\mathrm{s}}\left[Y'_{\mathrm{x/o}}/Y_{\mathrm{s/o}}\right]}\left[C_{\mathrm{g}}^{*} - \frac{k_{\mathrm{o}}D}{\mu_{\mathrm{m}} - D}\right]$$

Die zugehörigen Werte für die Konzentration des begrenzenden Substrats sind:

$$S_{\mathrm{aus}} = \frac{k_{\mathrm{s}}D}{\mu_{\mathrm{m}} - D} \quad \text{oder} \quad C_{\mathrm{o}} = \frac{k_{\mathrm{o}}D}{\mu_{\mathrm{m}} - D}$$

und für das zugehörige andere (nicht limitierende) Substrat:

$$C_{\mathrm{o}} = C_{\mathrm{g}}^{*} - x_{\mathrm{v,aus}}\frac{D + m_{\mathrm{s}}\left[Y'_{\mathrm{x/s}}/Y_{\mathrm{s/o}}\right]}{Y'_{\mathrm{x/o}}k_{\mathrm{L}}a}$$

oder

$$S_{\mathrm{aus}} = S_{\mathrm{ein}} - x_{\mathrm{v}}\frac{D + m_{\mathrm{s}}Y'_{\mathrm{x/s}}}{DY'_{\mathrm{x/s}}}.$$

Abbildung 9.4 zeigt die graphische Darstellung dieser Näherung. Die „richtige" Kurve wechselt von einem Gleichungssatz zum anderen, wenn sich die Limitierung ändert. In der korrekten Lösung des ursprünglichen Gleichungssatzes für eine Kinetik mit doppelter Substratbegrenzung erkennt man, daß der Wechsel von einer durch unlösliches Substrat begrenzten Reaktion hin zu einer durch lösliches Substrat limitierten Reaktion nicht abrupt erfolgt. Die Fehler, die bei Verwendung der einfacheren Näherung entstehen, sind jedoch sehr klein, wie die Abbildung zeigt, in der beide Lösungen übereinandergelegt dargestellt sind.

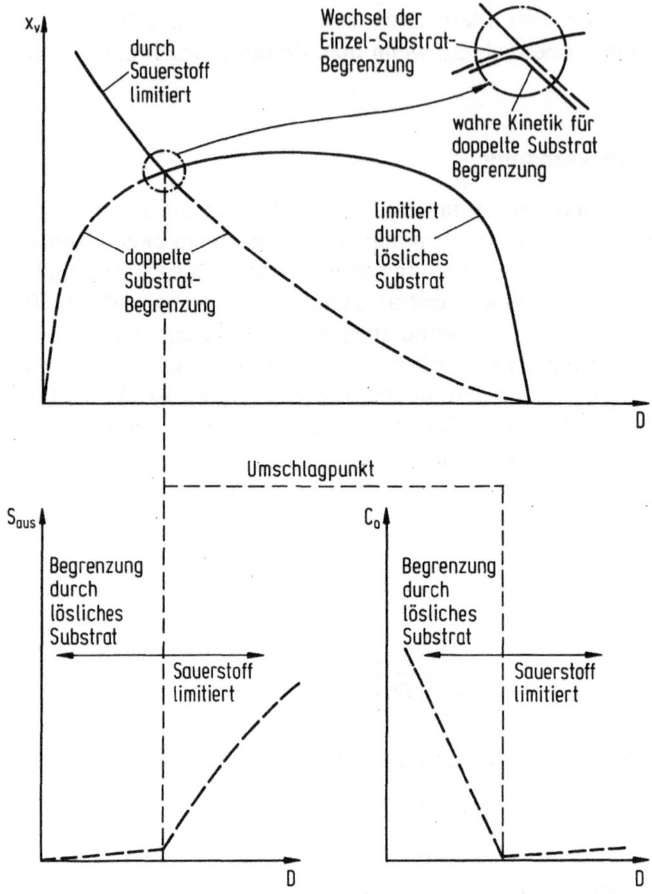

Abb. 9.4. Chemostat mit doppelter Substrat-Begrenzung

Es ist von einiger praktischer Bedeutung, daß dort, wo nur eines von zwei Substraten begrenzt, offensichtlich ein beträchtlicher Teil des anderen Substrats den Reaktor mit dem Austragsstrom verläßt (wie entweder aus der Abb. 9.2 oder 9.3 zu ersehen ist); seine Rückgewinnung ist nur selten praktikabel oder ökonomisch, und selbst wenn man für einen Sauerstoff-Überschuß sorgt, wird man erhebliche zusätzliche Kosten auf sich laden. Deshalb zahlt es sich nicht aus, mit einem größeren Überschuß an irgendeinem Substrat zu arbeiten.

Die Wirkung der Einlaßkonzentration des löslichen Substrats sowie des k_La oder C_g^*-Werts, die beide zu den Kosten des benötigten Sauerstoffs in Beziehung stehen, ist in Abb. 9.5 gezeigt. Es ist offensichtlich, daß für einen speziellen Wert von k_La oder C_g^* – für jeden Wert der Verdünnungsrate – ein Maximalwert für S_{ein} existiert, oberhalb dessen es unwirtschaftlich wäre zu arbeiten. Analog

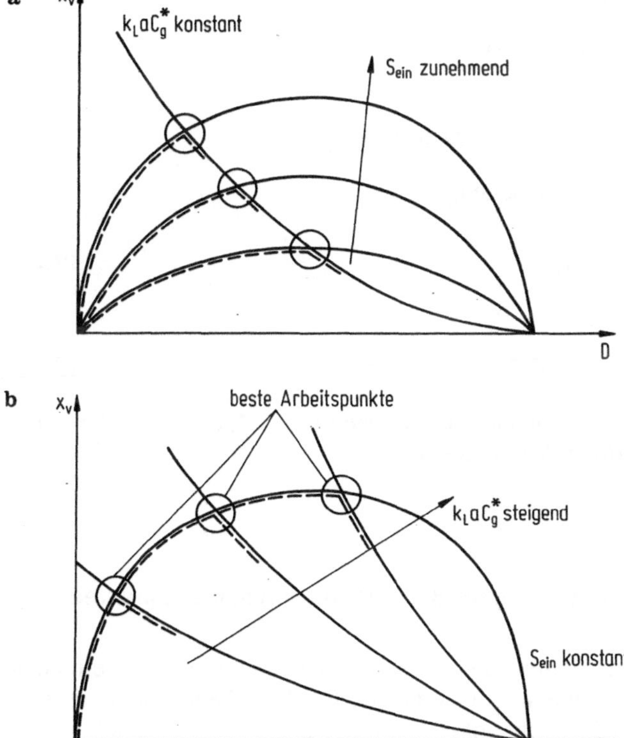

Abb. 9.5. Wirkung von S_{ein} **(a)** und $k_\text{L}aC_\text{g}^*$ **(b)** auf das Verhalten eines Chemostaten

gibt es für einen gegebenen Wert von S_{ein}, nun abhängig von der gewünschten Verdünnungsrate, einen Maximalwert für $k_\text{L}a$ oder C_g^*, bei dem der Chemostat betrieben werden sollte.

In Experimenten, die im kleinen durchgeführt werden, führt ein Überschuß an Sauerstoff nicht zu finanziellen Einbußen, jedoch sollte ein Chemostat in jedem realen industriellen Prozeß mit geringem Sauerstoff-Überschuß betrieben werden. Der Konstrukteur müßte ebenso Probleme im Zusammenhang mit der Dispersion und Vermischung der Substrate im entsprechend größeren Medium berücksichtigen. Soll vorausgesetzt werden, daß beide Substrate limitierend wirken, können wir die Bedingungen hierfür durch Gleichsetzen der Werte von x_v aus beiden Gleichungen wie folgt bestimmen:

$$x_{\text{v, aus}} = \frac{DY'_{\text{x/s}}\left(S_{\text{ein}} - S_{\text{aus}}\right)}{D + m_\text{s}Y'_{\text{x/s}}} = \frac{Y'_{\text{x/o}}k_\text{L}a\left(C_\text{g}^* - C_\text{o}\right)}{D + m_\text{s}\left[Y'_{\text{x/o}}/Y_{\text{s/o}}\right]} \tag{9.20}$$

Wirken beide Substrate begrenzend, ist es vernünftig anzunehmen, daß gilt:

$$C_o \ll C_g^* \quad \text{und} \quad S_{aus} \ll S_{ein}$$

und ebenso:

$$D \gg m_s \left(Y'_{x/o}/Y_{s/o}\right) \quad \text{und} \quad D \gg m_s Y'_{x/s},$$

erhalten wir die sehr einfache Beziehung:

$$\frac{Y'_{x/o} k_L a C_g^*}{D} = Y'_{x/s} S_{ein} \tag{9.21}$$

oder

$$k_L a C_g^* = \left(Y'_{x/s}/Y'_{x/o}\right) D S_{ein}, \tag{9.22}$$

die eine schnelle Abschätzung von einer der Größen $k_L a$, C_g^*, S_{ein} oder D erlaubt, vorausgesetzt, daß die anderen Werte bekannt sind.

9.3 Sauerstoff-Begrenzung in einem diskontinuierlichen Fermenter

Die Analyse der Sauerstoff-Begrenzung bei einer diskontinuierlichen Fermentation folgt den gleichen Prinzipien, wie sie gerade für den Chemostaten ausgearbeitet wurden, aber sie ist faktisch einfacher zu handhaben, da es vernünftig ist anzunehmen, daß das lösliche Substrat über den größeren Teil der Fermentationszeit nicht begrenzend wirkt. Wir können deshalb das lösliche Substrat ignorieren und uns nur auf die Zellkonzentrationen und die Menge des gelösten Sauerstoffs konzentrieren.

Die Gleichungen für den Chargenbetrieb sind deshalb wie folgt zusammengesetzt:

Differentialgleichungen der Gleichgewichte:
für Zellen:

$$\frac{d\left(V x_{v,\,aus}\right)}{dt} = V r_x \tag{9.23}$$

für Sauerstoff:

$$\frac{d\left(V C_o\right)}{dt} = -V\left(r_{sx} + r_{sm}\right) + V N_a \tag{9.24}$$

Geschwindigkeitsgleichungen:

$$r_x = \mu x_{v,\,aus} = \mu_m \frac{C_o}{k_o + C_o} x_{v,\,aus}$$

$$r_{sx} = \frac{r_x}{Y'_{x/s}}; \quad r_{sm} = m_s x_v \quad \text{und} \quad N_a = k_L a\left(C_g^* - C_o\right).$$

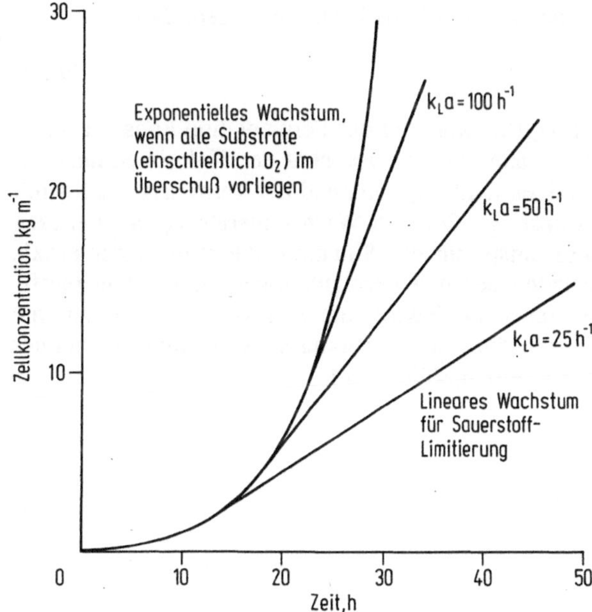

Abb. 9.6. Der Einfluß des Massentransfers von Sauerstoff zwischen der Gas- und Flüssigphase auf das Zellwachstum bei diskontinuierlicher Kultur (Chargenbetrieb)

Die anderen Gleichungen lauten wie zuvor.

Nachdem wir die verschiedenen Substitutionen durchgeführt haben, lösen wir die Gleichungen:

$$\frac{dx_{\mathrm{v,\,aus}}}{dt} = r_{\mathrm{x}} = \mu_{\mathrm{m}} \frac{C_{\mathrm{o}}}{k_{\mathrm{o}} + C_{\mathrm{o}}} x_{\mathrm{v,\,aus}} \tag{9.25}$$

$$\frac{dC_{\mathrm{o}}}{dt} = -\left[\frac{r_{\mathrm{x}}}{Y'_{\mathrm{x/s}}} + m_{\mathrm{s}} x_{\mathrm{v,\,aus}}\right] + k_{\mathrm{L}}a\left(C_{\mathrm{g}}^{*} - C_{\mathrm{o}}\right), \tag{9.26}$$

für geeignete Anfangsbedingungen und -werte für $k_{\mathrm{L}}a$ und C_{o}.

Wie zuvor ist es am bequemsten, diesen Gleichungssatz mit einem Computer zu lösen; die Lösung ist in Abb. 9.6 für eine Fermentation gezeigt, die mit einem Sauerstoff-gesättigten Medium beginnt.

Beachten wir, daß das Zellwachstum nur im Anfangsstadium exponentiell erfolgt. Wenn der gelöste Sauerstoff nahezu aufgebraucht ist, wird es unter der Kontrolle des Massentransports linear. Die nicht Sauerstoff-begrenzte Wachstumskurve ist zum Vergleich mit aufgeführt.

Eine vereinfachende Erklärung für diesen Effekt kann unter Zuhilfenahme des Sauerstoff-Gleichgewichts gegeben werden. Wenn die Sauerstoff-Konzentration in der Lösung, C_{o}, auf einen sehr geringen Wert absinkt, wird die Ableitung

dC_o/dt nahezu Null. Deshalb ist aus Gl. (9.26) leicht zu zeigen, daß:

$$r_X = Y'_{X/S}\left(k_L a C_g^* - m_s x_V\right). \tag{9.27}$$

Da wir annehmen können, daß $k_L a C_g^*$ während der Fermentation konstant bleibt (oder eventuell sogar abnehmen kann, da die Viskosität des Kulturmediums mit zunehmender Biomasse anzusteigen tendiert), während der Term $m_s x_V$ selbst mit fortschreitender Fermentation ansteigt, fällt die Wachstumsrate r_X unter diesen Bedingungen langsam ab. Dies entspricht der Situation, die man in der Praxis beobachten kann: Bei industriellen aeroben Fermentationen ist die Sauerstoff-Zufuhr normalerweise der begrenzende Faktor, die $k_L a$-Werte bestimmen die Obergrenze für die Nährstoff- und somit für die Biomasse-Konzentration, bei der die Fermentation sinnvollerweise durchgeführt wird.

Nomenklatur und Einheiten

Wie überall in diesem Text betont, ist es immer wichtig, eine vollständig verstandene und klare Nomenklatur zu verwenden, bei der die Dimensionen aller Einheiten sorgfältig spezifiziert sind. Hier haben wir ein Nomenklatursystem verwendet, von dem wir hoffen, daß es solchen Anforderungen genügt; jedoch sollte sich ein Student bei weiterem Literaturstudium bewußt sein, daß verschiedene Autoren unterschiedliche Symbole und unterschiedliche Einheiten verwenden.

Es gibt kein allgemein anerkanntes System, das an unser System angepaßt werden könnte. Die Internationale Kommission für reine und angewandte Chemie (IUPAC) hat eine vorläufige Liste von Symbolen mit Einheiten für die Anwendung in der Biotechnologie[1] publiziert , aber ihre weiteren Empfehlungen sind noch nicht ausgearbeitet und ihre provisorischen Vorschläge keineswegs allgemein anerkannt. Außerdem besteht immer eine Diskrepanz zwischen den „offiziellen" SI-Einheiten und den „gebräuchlichen" Einheiten, die die meisten Anwender wirklich verwenden. Dies sollte jedoch nicht immer die Verwendung von nicht-metrischen Einheiten entschuldigen.

Demgemäß ist die im vorliegenden Text verwendete Nomenklatur hier in alphabetischer Reihenfolge, mit getrennten Indices und Exponenten, aufgelistet. Einige wenige verwendete griechische Symbole sind am Ende aufgeführt.

Symbol	Einheit	Beschreibung oder Definition
a	$m^2\ m^{-3}$	Gas/flüssig Grenzfläche
a	$kg\ kg^{-1}$	stöchiometrischer Koeffizient (indiziert)
A		Koeffizient in der Arrhenius-Gleichung (s. Geschwindigkeitskonstante)
B	$kg\ kg^{-1}$	Contois Koeffizient (Masse Substrat/Zellmasse)
C_g^*	$kg\ m^{-3}$	Sauerstoff-Konzentration des flüssigen Mediums im Gleichgewicht mit der Gasphase
C_O	$kg\ m^{-3}$	effektive O_2-Konzentration im Medium
D	$m^3\ m^{-3}\ h^{-1}$	Verdünnungsrate
D		D-Masse (s. Abb. 2.4)
DF		treibende Kraft für Massentransport (engl. driving force), s. $k_L a$

1 IUPAC (1982) List of Symbols with Units Recommended for Use in Biotechnology. Pure and Applied Chemistry 54, 1743-1749

E	kg	Gesamtmenge an Enzymen
E	kJ mol^{-1}	Aktivierungsenergie
F	m^3 h^{-1}	Flußrate (Eintrag/Austrag)
G		G-Masse (Abb. 2.4)
h	h	übliche Zeiteinheit (Stunde)
$[H^+]$	kg m^{-3}	Wasserstoffionen-Konzentration
J	J	Joule, übliche Energieeinheit
k	kg kg^{-1} h^{-1} mol kg^{-1} h^{-1}	Geschwindigkeitskonstante
k	kg m^{-3}	Michaelis- (Sättigungs-) Konstante
K	K	Einheit der absoluten Temperatur
kg	kg	Kilogramm, Einheit der Masse
k_L	kg m^{-2} h^{-1} $[\text{DF-Einheit}]^{-1}$	Sauerstoff Transportkoeffizient pro Einheitsfläche; für [DF-Einheit] = kg m^{-3} gilt $[k_L]$ = m h^{-1}
k_La	m^3 kg^{-1} h^{-1} $[\text{DF-Einheit}]^{-1}$	Sauerstoff Transportkoeffizient pro Einheitsvolumen; für [DF-Einheit] = kg m^{-3} gilt $[k_La]$ = h^{-1}
m	kg kg^{-1} h^{-1} mol kg^{-1} h^{-1}	Geschwindigkeitskonstante für die Zellerhaltung, bezogen auf die Zellmasse
m	m	Längendimension (Meter)
N	kg m^{-3} h^{-1}	O_2-Transportrate pro Volumeneinheit des flüssigen Mediums
P	kg m^{-3}	Produktkonzentration
p, q		transformierte Variablen
r	kg m^{-3} h^{-1}	Rate (der Erzeugung, Produktion, des Verbrauchs)
R	kJ mol^{-1} K^{-1}	Gaskonstante
S	kg m^{-3}	(begrenzende) Substratkonzentration
t	h	Zeit (Angabe gewöhnlich in Stunden, engl. hours)
T	K	Temperatur (Kelvin)
V	m^3	Volumen
x	kg m^{-3}	Zellkonzentration
y	kg m^{-3}	allgemeine intensive Eigenschaft (Konzentration)
Y	kg kg^{-1}	Ausbeute-Koeffizient; wichtig ist die Indizierung, z.B. $Y_{a/b}$

Griechische Symbole

α	kg kg^{-1}	wachstumsbezogener Produktbildungskoeffizient (Produktmasse/Zellmasse)
β	kg kg^{-1} h^{-1}	nicht wachstumsbezogener Produktbildungskoeffizient (Produktmasse pro Zellmasse und Zeit)
γ		Verhältnis von Auslaß- zu Einlaßströmung
δ		Auftrennungskonstante; Verhältnis der Zellkonzentration im Auslauf und im Fermenter
μ	kg kg^{-1} h^{-1}	spezifische Wachstumsrate der Zellen
ρ	kg m^{-3}	Dichte

Indices und Exponenten

Anmerkung: Überall ist eine mehrfache Indizierung gebräuchlich, die Indices sollten aber systematisch verwendet werden. Demgemäß (s.u.) verwenden wir den Index $_{sm}$ für das zur Zellerhaltung benötigte Substrat, $x_{v,ein}$ steht für die lebenden Zellen am Einlaß, $Y_{x/s}$ ist die Zellausbeute, bezogen auf das verbrauchte Substrat, etc.. Exponenten werden weniger häufig verwendet, um Verwechslungen mit mathematischen Symbolen zu vermeiden, sie erscheinen vereinzelt in Kombination mit den Indices.

ATP	Adenosintriphosphat
aus	Auslaß, Austrag, Ablauf
c	kritischer Wert (der Verdünnungsrate)
con	Verbrauch (engl. consumption)
d	desaktiviert, nicht lebend, avital
e	endogene Respiration
ein	Einlaß, Eintrag, Zulauf
g*	im Gleichgewicht mit der Gasphase
gen	Erzeugung (engl. generation)
i	Inhibition
l	Lysis
L	Flüssigphase
m	Maximum
m	Zellerhaltung (engl. maintenance)
m	Michaelis Konstante
mATP	ATP zur Zellerhaltung (engl. maintenance)
N	Stickstoff
o	in der Flüssigphase gelöst
O	Sauerstoff

P	Produkt
S	Substrat
S	Sättigung
x	Zellen
x_d	nicht lebende Zellen (engl. non-viable, dead)
x_v	lebende Zellen (engl. viable)
'	Ausbeutefaktor (apostrophiert), zur Unterscheidung von stöchiometrischen Koeffizienten (s.S. 31)

Glossar

Dieser Abschnitt ist nicht als Zusammenfassung des Chemieingenieurwesens oder der Mikrobiologie gedacht, sondern einfach angefügt, um einige der in diesem Buch verwendeten Fachbegriffe, die einzelnen Lesern nicht geläufig sind, zusammenzustellen und, falls erforderlich, weiter auszuführen.

ATP, Adenosintriphosphat (adenosine triphosphate)

Der Substanz begegnet man häufig in der mikrobiellen Kinetik, weil sie die Energiezirkulation der lebenden Zellen repräsentiert. Im allgemeinen verwenden diese Zellen Reaktionen, die zur Produktion von ATP führen, um die chemische Synthese zu betreiben und osmotische Arbeit zu verrichten (d.h., um Material entgegen den Konzentrationsgradienten zu bewegen). Das Ausmaß, mit dem sie diese ATP-verbrauchenden Reaktionen durchführen, ist direkt mit der Anzahl ATP bildender Prozesse verknüpft (siehe insbesondere Abschn. 3.1). Um spezielle mikrobielle Systeme zu behandeln, ist es deshalb notwendig zu wissen, wie sie ihr ATP erzeugen, und insbesondere die Stöchiometrie der Reaktionen zu kennen – dies wird bei der zugehörigen Beschreibung ihrer Biochemie behandelt. Unterschiedliche Organismen vermögen aus dem Metabolismus des gleichen Substrats recht verschiedene Mengen ATP zu erzeugen; Beispiele für zwei anaerobe Prozesse mit unterschiedlicher ATP-Stöchiometrie sind in Abschn. 3.5 aufgeführt. In aeroben Systemen wird ATP durch eine Reaktion erzeugt, die als oxidative Phosphorylierung bekannt ist. Dabei ist die ATP Produktion je Mol Substrat viel höher als in anaeroben Systemen (s. Abschn. 3.6).

Energiezirkulation	energy currency
osmotische Arbeit	osmotic work
oxidative Phosphorylierung	oxidative phosphorylation

Ausbeute (yield)

Hier wird die Ausbeute in Einheiten von gebildetem Produkt je verbrauchtem Substrat definiert; ein Ausbeutekoeffizient wird analog berechnet, ist aber auf einen speziellen Prozeß bezogen und nicht notwendigerweise auf den gesamten Substratverbrauch; siehe auch Abschn. 3.6. Ausbeutekoeffizienten müssen demnach auf Einflüsse der „Zellerhaltungsbedingungen“ hin korrigiert werden. In der allgemeinen Literatur sind Ausbeuten manchmal freier in Form von Ausdrücken beschrieben, die das *bereitgestellte* Substrat betreffen, dies ist die „ökonomische Ausbeute“ oder „Konversion“. Glaubt man, die Stöchiometrie eines Prozesses weitgehend verstanden zu haben, können die Ausbeuten auch als Prozentsatz eines theoretischen Wertes ausgedrückt werden. Durch das Fehlen einer Spezifikation des Begriffs der „Ausbeute“ kann viel Verwirrung gestiftet werden.

Zellerhaltungsbedingungen	maintenance requirements
Umsatz	conversion
ökonomische Ausbeute	economic yield

Begrenzung (limitation)

Das Konzept eines begrenzenden (limitierenden) Substrats oder einer geschwindigkeitslimitierenden Komponente ist in diesem Text weitverbreitet, es ist unter besonderem Bezug zu den Wachstumsraten in Abschn. 3.2 diskutiert. Im allgemeinen folgt dieses Konzept aus dem allgemeinen Gesetz, daß die Gesamtrate in jeder Serie miteinander gekoppelter Prozesse wahrscheinlich durch gerade einen (den langsamsten) oder höchstens zwei der Vorgänge bestimmt wird. Dies ist sicher nicht absolut richtig, diese Näherung ist aber in der Regel ausreichend real und gerade so kompliziert, daß man sie noch handhaben kann. Hier gehen wir normalerweise noch weiter und beziehen die Geschwindigkeit des begrenzenden Vorgangs auf die Konzentration eines begrenzenden Substrats. Die Schwierigkeiten, die daraus erwachsen, daß zwei begrenzende Substrate behandelt werden, sind für einen speziellen Fall in Kap. 9 erläutert.

begrenzendes Substrat	limiting substrate
Wachstumsrate	growth rate

Bilanzgleichung (balance equation)

Wie in Kap. 2 definiert, soll eine Bilanzgleichung im wesentlichen alles erfassen, was in ein System eingebracht wird, was innerhalb des Systems geschieht und was aus ihm austritt. Bilanzgleichungen können und sollten für alle extensiven Eigenschaften (siehe dort) eines Systems aufgestellt werden.

Chemostat (chemostat)

Ein Behälter für kontinuierlich betriebene Prozesse, in dem die Eigenschaften des Systems durch eine kontrollierte Zugabe einiger begrenzender Nährstoffe reguliert werden können. Das System ist ein unentbehrliches Instrument bei der Erforschung der mikrobiellen Physiologie sowie der Bestimmung der Prozeßparameter; in der Praxis wird es auch bei Prozessen zur Herstellung von Biomasse, z.B. von „Einzelzell-Protein“ ebenfalls praktisch angewendet.

Endogene Respiration (endogenous respiration)

Siehe Erhaltungsenergie.

Erhaltungsenergie der Zellen (maintenance energy)

Dieses Konzept hat weitverbreitete Schwierigkeiten und Mißverständnisse verursacht, normalerweise, weil die Leser die Absichten der Anwender nicht ganz richtig einschätzten. Eine Schlüsselannahme ist die, daß die Geschwindigkeiten, mit der die Zellen wachsen, direkt mit der Geschwindigkeit verknüpft werden sollten, mit der sie einen energieerzeugenden Prozeß (wie die Oxidation eines Kohlenstoff-Substrats) (s.v. ATP) durchführen. In der Praxis gilt dies näherungsweise, aber nicht exakt; Probleme erwachsen dann beim Versuch, die Abweichungen zu behandeln.

Man kann beobachten, daß das Gesamtwachstum unter Normalbedingungen, wenn der Verbrauch eines speziellen, zusätzlichen Substratanteils zu entsprechendem zusätzlichem Wachstum führt, etwas geringer ist, als man aus dem gesamten Substratverbrauch erwarten würde, m.a.W., ein Teil des Substratverbrauchs führt nicht zu Wachstum. Dieser Unterschied bleibt auch dann bestehen, wenn der Energieverbrauch für eine spezielle Produktsynthese betrachtet wird. Der zusätzliche Teil des Substratverbrauchs wird dann der sogenannten Zellerhaltung zugeschrieben. Darunter versteht man energieverbrauchende Vorgänge, die nicht zu einer Zunahme der Zellmasse oder zu spezieller Produktsynthese führen. Um dieses Konzept wiederzugeben, spricht man auch vom sog. ATP-Bedarf.

Davon ununterscheidbar würden die „Durchschlupf"-Reaktionen sein, die z.B. ATP verbrauchen könnten, ohne irgendeine verwertbare Arbeit zu verrichten.

Startet man mit etwas unterschiedlichen experimentellen Beobachtungen, kann man alternativ sehen, daß in Zellen, die mit wenig oder keinem Substrat ausgestattet sind, nicht nur kein Wachstum stattfindet, sondern daß die Zellmasse sogar abnimmt. Dies läßt uns annehmen, daß die Zellen einen Teil ihres eigenen Materials als Energiesubstrat verwenden. Der Vorgang wird *endogener Metabolismus* genannt.

Wenn dieser endogene Metabolismus unter veränderten Bedingungen beibehalten würde, würde dies das Erhaltungsphänomen wirklich „erklären", man könnte annehmen, daß dem Substratverbrauch immer eine Art imaginäres Wachstum proportional ist, daß ein Teil dieses Wachstums jedoch durch die endogene Respiration verbraucht wird.

Umgekehrt kann man versuchen, den endogenen Metabolismus mit dem Erhaltungskonzept zu erklären, mit Hilfe der Annahme, daß die Erhaltungsbedingung durch den Verbrauch von internem Material erfüllt werden kann, wenn kein externes Substrat vorhanden ist. Diese effektive Äquivalenz verdeckt offensichtlich einige grundsätzliche Unterschiede zwischen Vorstellungen der mikrobiellen Physiologie (im besonderen über die Antwort energieerzeugender Prozesse auf externe Bedingungen); für die betrachteten Zwecke ist relevanter, daß sie auch zu geringfügigen Unterschieden zwischen Bilanzgleichungen führt, wie in Kap. 2 ausgeführt wurde. Für eine weitere Diskussion s. Abschn. 3.3.

ATP-Bedarf	ATP requirement
Durchschlupf	slippage
endogener Metabolismus	endogenous metabolism

Extensive Eigenschaften (extensive properties)

Diese sind im gesamten System additiv, z.B. die Masse: die Gesamtmasse einer Wassermenge hängt davon ab, wieviel Wasser vorhanden ist. Im Gegensatz dazu zeigen intensive Größen wie Temperatur oder Konzentration diese Eigenschaft nicht (s. Abschn. 2.1).

Fermentation (fermentation)

Fermentation ist hier als ein Prozeß zu verstehen, der unter der Einwirkung von lebenden Zellen stattfindet, die zu diesem Zweck verwendet werden. Normalerweise handelt es sich um Mikroorganismen, es könnten auch dispergierte Zellen pflanzlichen oder tierischen Ursprungs sein. In der klassischen Mikrobiologie wurde der Begriff zunächst enger für Prozesse verwendet, die ohne Sauerstoff durchgeführt werden (anaerobe Prozesse). Dies diente der Unterscheidung von den aeroben Prozessen, welche sich auf die Atmung beziehen. Anaerobe Prozesse wie z.B. das Brauen waren typisch für die frühen Technologien unter Anwendung von Mikroorganismen. Mit Einführung neuer technischer Prozesse (z.B. zur Antibiotika-Produktion) wurden diese auch als Fermentationen bezeichnet, obwohl sie nicht anaerob sind; die verwendeten Kessel wurden Fermenter genannt. Die ältere, engere Verwendung ist nun selten, ein moderneres und vielleicht geeigneteres Äquivalent ist „Bioprozesse", ein Begriff, der sinnvollerweise Prozesse einschließt, die mit Enzymen (oder Zellfraktionen oder nicht lebenden Zellen) durchgeführt werden.

Atmung (aerob)	respiration (aerobically)
Bioprozeß	bioprocess

Intensive Eigenschaften (intensive properties)

Eigenschaften, die nicht von der Gesamtmenge abhängen, z.B. Dichte, Konzentration, Temperatur (s. vorn, extensive Eigenschaften).

k_La

Dies ist ein Begriff in der Standardgleichung für den Gastransport (s. Kap. 9), welcher ein Charakteristikum der mechanischen Eigenschaften des Systems darstellt – das Fermenterdesign, die Größe der Gasblasen etc.. Es existieren umfassende weitere Abhandlungen über den Gastransfer, in denen die jeweiligen Werte von k_La zu den Konstruktionsparametern, den Eigenschaften der Kultur wie der Viskosität sowie den mechanischen Eigenschaften wie der Energiedissipation in Beziehung gesetzt werden. Diese werden in den wissenschaftlichen Texten des Chemieingenieurwesens behandelt.

Energiedissipation	power dissipation
Konstruktionsparameter	design parameters

Kontrollregion, -volumen (control region, volume)

Dies ist formal definiert (Kap. 1) als ein Bereich im Raum, in dem alle wichtigen Variablen einheitlich sind. Betrachtet man einen Prozeß, der in einem homogen durchmischten Kessel durchgeführt wird, ist das Kontrollvolumen der gefüllte Teil des Kessels, und alle Aussagen über das Kontrollvolumen sollten sich auf das Gesamtvolumen beziehen. Ist man gezwungen, ein unvollständig durchmischtes Volumen zu behandeln, ist es oft hilfreich, diese als Ansammlung von vollständig durchmischten Kontrollvolumina zu betrachten, zwischen welchen ein definierter Austausch stattfindet; die Kontrollvolumina mögen dann unendlich klein sein. Dann kann das Gesamtsystem mathematisch durch Integration über alle diese Kontrollvolumina beschrieben werden.

homogen durchmischter Kessel	well-mixed vessel

Lebende Zellen (viable cells)

In diesem Text sind „lebende Zellen“ solche, die wachsen können; der Begriff „nicht-lebend“ (oder „avital“) bezeichnet Zellen, die dies nicht können. Mikrobiologen verwenden die gleichen Begriffe, unterscheiden aber „nicht-lebende Zellen“ nach solchen, die teilweise metabolisch aktiv bleiben und Zellen, die effektiv tot sind; sie können auch innerhalb der Kategorie „lebende Zellen“ zwischen solchen unterscheiden, die sich aktiv teilen und Zellen wie Sporenzellen, die potentiell höhere Wachstumsaktivitäten besitzen, als sie aktuell zeigen. Das bedeutet, daß alle Begriffe sorgfältig analysiert werden müssen, um zu sehen, was in jedem gegebenen Zusammenhang wirklich gemeint ist. Sind spezielle Unterscheidungen notwendig, lassen sie sich durch geeignet definierte Ausdrücke in die Modelle einfügen (s. Abschn. 3.4)

nicht lebend, avital	non-viable

Monod-Gleichung (Monod equation)

Die meist verwendete, aber keinesfalls einzige Gleichung, die mikrobielle Wachstumsraten auf (begrenzende) Substratkonzentrationen bezieht; Abschn. 3.2 enthält eine ausführliche Beschreibung. Die Gleichung folgt direkt aus dem Michaelis-Menten Formalismus, der die Geschwindigkeiten enzymkatalysierter Reaktionen zu den Konzentrationen von Enzym und Substrat in Beziehung setzt; dieser wiederum basiert auf der Langmuir-Adsorptionsisotherme für heterogene Katalyse.

Randbedingungen (constraints)

Siehe Abschn. 4.1; die Grenze zwischen Mathematik und Realität.

Stationärer Zustand (stationary state, steady state)

Im stationären Zustand ändert sich keine der Variablen mit der Zeit.

Strukturierte/nicht strukturierte Modelle (structured/unstructured models)

Siehe Abschn. 2.5.

Treibende Kraft (driving force)

Dieser Ausdruck dient zur Beschreibung von Transportprozessen, i.e. der Bewegung von Materie durch Phasengrenzen, wie von der Flüssigphase in die Gasphase. Man begegnet diesem Ausdruck zum ersten Mal in Abschn. 2.3, er wird in Kap. 9 speziell dazu verwendet, um den Sauerstoff-Transport zu beschreiben. Bewegt sich Materie durch eine Phasengrenze, ist die Geschwindigkeit, mit der dies geschieht, proportional zur Differenz zwischen der aktuellen Verteilung und der erwarteten Gleichgewichtsverteilung; Maße für diese Differenz sind Maße für die treibende Kraft. Z.B. ist die treibende Kraft für den Gastransport – grob - die Differenz zwischen dem Gasdruck und dem Gleichgewichts- (Sättigungs)druck. Strenger genommen handelt es sich um die Differenz chemischer Potentiale.

chemisches Potential	chemical potential
Gleichgewichts- (Sättigungs-) Druck	equilibrium (saturation) pressure

Unabhängige Gleichungen (independent equations)

Siehe Abschn. 3.1.

Unabhängige Variable (independent variable)

Eine variable Größe, die für das betrachtete System von Bedeutung ist, deren Wert sich ungeachtet anderer unabhängiger Variablen ändern kann. Kontrollvariablen sind solche, deren Werte grundsätzlich durch den Experimentator oder Operator festgesetzt werden können, und die dann die Prozeßführung bestimmen (s. unten „Variable").

Kontrollvariable	control variable

Variablen (variables)

In der Einleitung zu Kap. 5 werden Zustandsvariablen, Betriebsvariablen und intermediäre Variablen mit Beispielen definiert.

Betriebsvariable	operation variable
intermediäre Variable	intermediate variable
Zustandsvariable	state variable

Verdünnungsrate (dilution rate)

Ein Schlüsselparameter für alle Systeme, in die oder durch die ein Flüssigkeitsstrom führt. Die Verdünnungsrate ist die Strömungsgeschwindigkeit der Flüssigkeit, bezogen auf das Volumen in oder durch das die Strömung führt und demnach unabhängig vom aktuellen Volumen (eine intensive Eigenschaft; s.d.). Bisweilen wird auch die „(mittlere) Verweilzeit" zitiert, sie ist der Kehrwert der Verdünnungsrate. Werden nicht vollständig vermischte Systeme betrachtet (s. Zellen Recycling), ist es möglich, zwischen Flüssigkeits- und Feststoffströmen zu unterscheiden, indem man eine „hydraulische Verweilzeit" und eine „Verweilzeit des Feststoffs" definiert.

(mittlere) Verweilzeit	(mean) residence time
hydraulische Verweilzeit	hydraulic residence time
Verweilzeit des Feststoffs	solids retention time

Zell-Recycling (cell recycle)

Praktische Beispiele für Systeme, die ein Zell-Recycling verwenden (Kap. 8), schließen die Reaktionen von aktiviertem Schlamm für die aerobe Abwasserbehandlung und Prozesse für die Biosynthese von Alkohol durch Hefe ein.

Zulauf-Betrieb (fed batch)

Praktische Beispiele für „Fed batch"-Fermentationen (Kap. 7) schließen die Produktion von Penicillin G unter Verwendung von *Penicillium chrysogenum* und viele andere antibiotische Fermentationen ein; alles sind Fälle, in denen sich die optimalen Bedingungen für die Produktbildung von den optimalen Wachstumsbedingungen unterscheiden. Der Begriff wird ebenso für einige Fermentationen verwendet, die Biomasse erzeugen, z.B. die Produktion von Bäckerhefe.

Zustandsvariable (state variable)

Meist eine extensive Eigenschaft, die zur Beschreibung des betrachteten Systems wesentlich ist, siehe auch Variablen.

Weiterführende Lektüre

Der Leser sollte sich bewußt sein, daß dieses Buch konzipiert wurde, um Kapitel für Kapitel durchgearbeitet zu werden. Der Text enthält im allgemeinen keine unterstützenden Hinweise auf die weiterführende Literatur.

Jede erschöpfende bibliographische Behandlung der verschiedenen Aspekte dieser sehr umfangreichen Thematik, welche sich Monat für Monat kontinuierlich weiterentwickelt, wäre unangebracht. Jedoch geben wir in diesem Abschnitt einige Hinweise auf weiterführende Literatur, entweder auf spezielle Beispiele von direkt zitierten Arbeiten, auf unterstützendes Material oder auf hilfreiche und interessante praktische Beispiele. Im Vordergrund steht nicht eine alternative Behandlung unseres Themas, sondern eine Illustration und Vertiefung der hier gegebenen Beschreibung.

Ein Student, der diese Literatur studieren will und unseren eigenen Text verstanden hat, muß trotzdem auf die zusätzliche Mühe hingewiesen werden, die häufig erforderlich ist, um die Konzepte und besonders die unterschiedlichen Systeme der jeweils verwendeten Notation zu verstehen. Wie in unserem eigenen Text betont wird, ist eine korrekte und vollständig verstandene Schreibweise entscheidend, sowohl um ein Modell zu entwickeln, als auch es zu verstehen.

Die Literatur, die am Ende dieses Abschnitts, getrennt nach Büchern und anderen Referenzen, alphabetisch aufgeführt ist, wird zunächst Kapitel für Kapitel diskutiert.

Kapitel 1: Mathematische Modelle

Die in diesem Umfeld am häufigsten verwendeten Forschungsjournale heißen *„Biotechnology and Bioengineering"*, *„Biotechnol. Progress"* und *„Bioprocess Engineering"*. Sie sollten von jedem interessierten Leser regelmäßig durchgesehen werden. Als hilfreiche allgemeine Einführung setzt der Artikel von Kossen (1979) sowohl den Freiraum als auch die Grenzen der Modelle für Fermentationen fest. In einer Reihe von Büchern wird eingehend auf die Bedeutung, den Entwurf und die Verwendung von solchen Modellen eingegangen (Lee, 1991; Dunn et al., 1992; Crady und Lim, 1980; Schügerl, 1985; Van't Riet und Tramper, 1991; Moser, 1988).

In vielen Texten wird die grundlegende Methodik zur Formulierung mathematischer Modelle sehr kurz abgehandelt und oft mit recht abstrakten Begriffen. Die Behandlung durch Himmelblau und Bischoff (1968) ist eine Ausnahme; Kap. 1, S. 1-4, enthält eine sehr nützliche Diskussion der Modelle und Kap. 3, S. 22-25, eine genaue mathematische Beschreibung des makroskopischen Modells, das wir in diesem Buch verwendet haben. Die verwendete mathematische Schreibweise mag wenig fesseln, jedoch sollte die beschreibende Darstellung recht schnell verstanden sein.

Die Methodik zur Aufstellung von Modellen für chemische Prozesse wurde schon früher auf einen hohen Stand gebracht, was unter anderem aus dem Buch von Franks (1966) hervorgeht.

Seit 1982 finden regelmäßig Tagungen statt, die sich speziell mit neueren Fortschritten in der Modellierung und Regelung von Bioprozessen befassen (Halme, 1983; Johnson, 1986; Fish et al., 1989).

Einen etwas anderen Ansatz verfolgt Aris (1989) in seinem Buch „Elementary Chemical Reactor Analysis". Er wendet konsequent stöchiometrische Gleichungen an und formuliert die Reaktionsabläufe systematisch in Form des Umsatzes. Obwohl diese Art der Formulierung bislang kaum Eingang gefunden hat, ist dieses Buch sehr empfehlenswert für das Verständnis der Beschreibung dynamischer chemischer oder biologischer Prozesse.

Elektro- und Maschinenbau-Ingenieure, die Modelle von physikalischen Systemen konstruieren, starten von einem etwas anderen Standpunkt aus, was Leser des vorliegenden Buchs instruktiv finden mögen; das Buch von Wellstead (1979) ist ein gutes Beispiel für solche alternativen Näherungen.

Kapitel 2: Massenbilanzen

Stöchiometrische Daten für viele Fermentationen sind im allgemein nützlichen Handbook (Atkinson und Mavituna, 1991) gesammelt. Das Buch enthält wirklich einen Großteil der Daten für alle Aspekte der praktischen Fermentationen. Die eben erschienene 2. Ausgabe ist wesentlich verbessert, besonders auch bezüglich der Handhabbarkeit.

Die meisten grundlegenden thermodynamischen Texte, wie z.B. von Wylen und Sonntag (1965), stellen mehr Details der extensiven Eigenschaften zur Verfügung. Eine Arbeit, die dieses Thema sehr angemessen behandelt, ist von Obert (1960), sie enthält auch eine klare und allgemeine Definition von Grenzen, Phasen, offenen und geschlossenen Systemen; Abschn. 2.7 - 2.12 sind besonders empfehlenswert.

Die Originalarbeit über die Entwicklung von Williams' strukturiertem Modell (Williams, 1967), erschien im *Journal of Theoretical Biology*, einer Zeitschrift, die viele andere interessante Berichte enthält und das Durchblättern lohnt.

Die Publikation von Essener et al. (1982) verwendet die strukturierte Näherung. Sie liefert ein ausgezeichnetes Beispiel für deren Vorteile wie auch für einige damit verbundene Tücken.

Eine recht vollständige Diskussion strukturierter Modelle findet sich bei Bailey und Ollis (1986), Kap. 7, welches auch die zugehörige kinetische Entwicklung einschließt (siehe unten), während das Thema umfassend unter Verwendung einer mathematischen Formulierung von Harder und Roels (1982) behandelt wird. Roels (1983) hat ebenfalls einen sehr ausführlichen allgemeinen Beitrag zur Formulierung von Massenbilanzen für biologische Systeme geliefert.

Kulturen, die mehrere unterschiedliche Organismen enthalten, schaffen eine sehr spezielle Anwendung für strukturierte Modellanwendungen; diese sind z.B. bei Bazin (1981) diskutiert.

Das neu erschienene Buch von Dunn et al. (1992) beginnt mit einer systematischen Aufstellung von Massenbilanzen und schließt auch Systeme mit verteilten Variablen ein (Diffusion in immobilisierten Biokatalysatoren).

Besonders ausführlich und nützlich ist hier das Buch über Bioprozeßtechnik von Moser (1981) sowie die neuere revidierte und erweiterte englische Ausgabe seiner „Bioprocess Technology" (Moser, 1988). Es befaßt sich mit allen wichtigen Aspekten der quantitativen Beschreibung von Bioprozessen, insbesondere aber mit kinetischen Modellen und auch ihre Kopplung mit Stofftransportphänomenen.

Kapitel 3: Geschwindigkeitsgleichungen

Das Entwickeln von kinetischen Gleichungen für Substratanwendung, Produktbildung und Zellwachstum ist das Kernstück der meisten Modelle. Deshalb wird es in den meisten Büchern, kurz oder ausführlich, behandelt. Der allgemeine Beitrag von Bailey und Ollis (1986) wurde schon erwähnt. Die allgemeine Frage der stöchiometrischen Relationen ist umfassend bei Roels (1983) diskutiert, jedoch mit einer Terminologie, die Nichtmathematiker schwierig finden könnten.

Eine für den allgemeinen Leser sehr lohnenswerte Quelle ist die Sammlung von „Hauptthemen", von Dawson (1974) ausgewählt und neu aufgelegt, welche neben der Originalarbeit von Monod, in der seine Gleichung für Substratbegrenzendes Wachstum zuerst erschien, auch mehrere andere Schlüsselbeiträge enthält, die ein Studium lohnen. Eine davon ist die kinetische Beschreibung der Effekte der endogenen Respiration, die Herbert zugeschrieben wird; das alternative Konzept der Zellerhaltungsenergie wurde zuerst von Pirt (1975) allgemeinverständlich dargestellt, dessen Buch seine abgeleitete Darstellung enthält.

Die häufig zitierte Klassifizierung der Produktbildung durch Gaden (1959) erschien im Original und nahezu vollständig, während die einfachste der kinetischen Klassifizierungen, die wir in unseren eigenen Beispielen verwendet haben, Luedeking und Piret (1959) zuzuschreiben ist.

Kapitel 5: Diskontinuierliche Kultur

Formulierungen zur Beschreibung der diskontinuierlichen Kultur (Chargenbetrieb), die auch Darstellungen der Verzögerungsphase einschließen, lassen sich unter Verwendung der strukturierten Modelle entwickeln, wie sie von Williams (1967) und, mit einigen alternativen Behandlungsweisen, in Bailey und Ollis (1986), Kap. 7, diskutiert werden. Es gibt ein praktisches Beispiel für ein Modell der Verzögerungsphase bei Pamment et al. (1978) und ein spezielles Beispiel für ein Modell einer diskontinuierlichen Kultur unter Verwendung eines einfachen strukturierten Modells von Brown und Fitzpatrick (1979).

Kapitel 6: Kontinuierliche Kultur

Die Literatur zur kontinuierlichen Kultur ist sehr umfangreich und von sehr unterschiedlicher Qualität. Vielleicht läßt sich der beste Überblick aus acht sukzessive aufbauenden Publikationen der Continuous Culture Symposia erhalten. Der Einfachheit halber zitieren wir hier nur den ersten der Bände (siehe Kossen, 1979), da er neben anderen einen bemerkenswerten Beitrag von Herbert enthält (S. 45-52) sowie den jüngsten Band (siehe Dean et al., 1984), der einen Ausblick auf die praktischen und wissenschaftlichen Anwendungen der heutigen Technik gibt. Ein gutes Beispiel für die Anwendung eines Zwei-Kammer-Modells auf die kontinuierliche Kultur, mit illustrativem Gebrauch von Methoden zur Kurvenanpassung, findet sich bei Jobses et al. (1983).

Kapitel 7, 8: Zulauf-Prozesse, Kreislaufführung

Es gibt einen guten allgemeinen Beitrag über Zulauf-Modelle von Dunn und Mor (1975), während das grundlegende Modell für eine Kreislaufführung auf Herbert zurückgeht, es findet sich in Dawson's Übersetzung bei Dawson (1974), S. 230.

Als spezielle praktische Beispiele erwähnen wir einen neueren Beitrag von Hamer in Dean et al. (1984), S. 169-184, der den aktivierten Klärschlammprozeß darstellt sowie eine rechnergestützte Optimierungsstudie für die Produktion von Glutamarsäure (Luedeking und Piret, 1959). Die klassischen Zulauf-Produktionssysteme für Bäckerhefe und für Penicillin sind für den computerüberwachten Betrieb von Wang et al. (1977) bzw. von Nelligan und Calam (1983) ausgearbeitet.

Kapitel 9: Sauerstoff-Transport

Die Frage des Gastransports ist ein wichtiges Unterthema des Biochemie-Ingenieurwesens und wird sehr ausführlich in den meisten Lehrbüchern behandelt, z.B. Bailey und Ollis (1986). Jedoch sollte der Leser darauf hingewiesen werden, daß die meisten dieser Beiträge den Effekten der Gastransport-Begrenzung auf die gesamte Fermentationskinetik – wie sie hier betrachtet wird – recht wenig Beachtung schenken, und sie tendieren dazu, sich auf Aspekte der mechanischen Konstruktion und des hydrodynamischen Verhaltens zu konzentrieren, die die Größenordnung der Effekte des Sauerstoff-Transports bestimmen. Vardar-Sukan (1985) liefert einen geeigneten neueren Überblick. Ein hilfreicher Beitrag über andere Massentransportphänomene in Feststoffen und in Flüssigphasen wurde von Atkinson und Mavituna (1991) zusammengestellt.

Modellierung und Simulation von Bioprozessen

Mit den heute vielfältig zur Verfügung stehenden Programmpaketen zur Simulation dynamischer Prozesse eröffnen sich viele Möglichkeiten der einfachen

Anwendung der in diesem Buch erarbeiteten Prinzipien der Modellierung. Die Umsetzung der Gleichungen in einfach zu handhabende Simulationsprogramme hat inzwischen in Bücher Eingang gefunden. Lee (1992) zeigt diese Umsetzung anhand einiger einfacher Beispiele von Bioprozessen unter Benutzung der Simulationssprache ACSL. Weiterführend ist das Buch von Dunn et al. (1992), das neben einer allgemeinen Einführung in das Thema „Modellierung von Bioprozessen" auch eine große Zahl von ausgearbeiteten Simulationsbeispielen samt dem dazugehörigen Simulationsprogramm ISIM und Diskette enthält. Damit kann jeder Leser, falls er über einen IBM-AT-kompatiblen Rechner verfügt, selbständig auch neue Modelle erarbeiten und simulieren.

Neuere Softwareentwicklungen erlauben einfache Simulation und Parameterschätzung mit experimentellen Daten (Heinzle und Saner, 1991; Steiner et al., 1986).

Modellierung und Prozeßregelung

Die Bildung von mathematischen Modellen hat eine steigende Bedeutung für die Optimierung sowie die Regelung von Bioprozessen. Zu diesem Thema sind zwei Bücher eben erst erschienen (Pons, 1991; Carr-Brion, 1991). Eine interessante Anwendung von Modellen, wie sie hier beschrieben wurden, zeigen Heinzle et al. (1992) am Beispiel der Erarbeitung von Regelungsstrategien für anaerobe Abwasserreinigungsprozesse.

Deutschsprachige Bücher über Biotechnologie

Zum Schluß möchten wir noch auf einige deutschsprachige Bücher über Biotechnologie hinweisen. In diesen sind auch kürzere Abhandlungen über die Modellierung von Bioprozessen enthalten (Präve et al., 1987; Diekmann und Metz, 1991; Crueger und Crueger, 1984; Einsele et al., 1985; Meiners, 1990).

Literaturverzeichnis

Bücher

Aris R (1989) Elementary Chemical Reactor Analysis. Butterworth Publ., Stoneham

Atkinson B, Mavituna F (1991) Biochemical Engineering and Biotechnology Handbook. 2nd Ed., Stockton Press, New York

Bailey J, Ollis D F (1986) Biochemical Engineering Fundamentals. McGraw Hill, New York (2nd Edition)

Carr-Brion K G (1991) Measurement and Control in Bioprocessing. Elsevier, New York

Crueger W, Crueger A (1984) Biotechnologie-Lehrbuch der angewandten Mikrobiologie. 2nd Ed., Oldenbourg, München

Dawson P S S (Ed.) (1974) Microbial Growth. Dowden, Hutchinson and Ross, Stroudsburg, Pa

Dean A C R, Ellwood D C, Evans C G T (Eds.) (1984) Continuous Culture 8. Ellis Horwood, Chichester

Diekmann H, Metz H (1991) Grundlagen und Praxis der Biotechnologie. Gustav Fischer, Stuttgart

Dunn I J, Heinzle E, Ingham J, Prenosil J (1992) Bioprocess Modelling and PC Simulation. 1896-1902

Einsele A, Finn R K, Samhaber W (1985) Mikrobiologische und biochemische Verfahrenstechnik. VCH, Weinheim

Fish N M, Fox R I, Thornhill N F (1989) Computer Applications in Fermentation Technology: Modelling and Control of Biotechnological Processes. Elsevier, London

Franks R G E (1966) Mathematical Modelling in Chemical Engineering. Wiley, New York

Halme A (1983) Modelling and Control of Biotechnical Processes. Proc. 1st. IFAC Workshop Helsinki, Finland, 1982, Pergamon Press, Oxford, UK, 369-380

Himmelblau D M, Bischoff K B (1968) Process Analysis and Simulation. Wiley, New York

Johnson A (1986) Modelling and Control of Biotechnological Processes, 463-480

Lee J M (1992) Biochemical Engineering. In Biological Waste Treatment (Ed.:) Prentice Hall Inc., New Jersey, 35-72

Malek I (Ed.) (1958) Continuous Cultivation of Microorganisms – a Symposium. Czechoslovak Academy of Sciences, Prag

Meiners M (1990) Biotechnologie für Ingenieure. Vieweg, Braunschweig

Moser A (1981) Bioprozeßtechnik. Springer, Wien

Moser A (1988) Bioprocess Technology. Springer, New York

Obert E F (1960) Concepts of Thermodynamics. McGraw Hill, New York

Pirt S J (1975) Principles of Microbe and Cell Cultivation. Blackwell, Oxford

Pons M-N (1991) Bioprocess Monitoring and Control., 231-236

Präve P, Faust U, Sittig W, Sukatsch D A (1987) Handbuch der Biotechnologie. 3nd Ed., Oldenbourg, München

Roels J A (1983) Energetics and Kinetics in Biotechnology. Elsevier, Amsterdam

Schügerl K (1985) Bioreaktionstechnik. Vol. 1, 1st Ed., Salle & Sauerländer, Frankfurt a.M.

Steiner E C, Blau G E, Agin G L (1986) SIMUSOLV – Modelling and Simulation Software. Mitchell and Gauthier Ass., Condord, MA

Van't Riet K, Tramper J (1991) Basic Bioreactor Design, 3089-3102

Wellstead P E (1979) Introduction to Physical System Modelling. Academic Press, London

Wylen van C J, Sonntag R E (1965) Fundamentals of Classical Thermodynamics. Wiley, New York

Spezielle Publikationen

Bazin M J (1981) Mixed Culture Kinetics. In: Bushell M E, Slater J H (Eds.) Mixed Culture Fermentations. Academic Press for Society of General Microbiology, Academic Press, London, 25-52

Brown D E, Fitzpatrick S W (1979) A Structured Model for the Kinetics of Fungal Amylase Production. Biotechnology Letters 1, 3-8

Dunn I J, Mor J R (1975) Variable-Volume Continuous Cultivation. Biotechnology and Bioengineering 17, 1805-1822

Essener A A, Veerman T, Roels J A, Kossen N W F (1982) Modelling of Bacterial Growth: Formulation and Evaluation of a Structured Model. Biotechnology and Bioengineering 24, 1749-1764

Gaden E L Jr. (1959) Fermentation Process Kinetics. Journal of Biochemical and Microbiological Technology and Engineering 1, 413-429

Harder A, Roels J A (1982) Application of Simple Structured Models in Bioengineering. Advances in Biochemical Engineering 21, 55-107

Heinzle E, Saner U (1991) Methology for Process Control in Research and Development., 14-16

Heinzle E, Geiger F, Fahmy M, Kut O M (1992) Integrated Ozonation-Biotreatment of Pulp Bleaching Effluents Containing Chlorinated Phenolic Compounds. Biotechnol. Prog. in press, 14-16

Jobses I M L, Egberts G T C, Baalen van A, Roels J A (1983) Mathematical Modelling of Growth and Substrate Conversion of Zymomonas Mobilis at 30 and 35°C. Biotechnology and Bioengineering 25, 225-255

Luedeking R, Piret E L (1959) A Kinetic Study of the Lactic Acid Fermentation. Batch Process at Controlled pH. Journal of Biochemical and Microbiological Technology and Engineering 1, 393-412

Kishimoto M, Yoshida T, Taguchi H (1981) Optimization of FedBatch Culture by Dynamic Programming and Regression Analysis. Biotechnology Letters 2, 403-406

Kossen N W F (1979) Mathematical Modelling of Fermentation Processes: Scope and Limitations. In Bull A T, Ellwood D C, Ratledge C (Eds.), Soc. Gen. Microbiol. Symp. 29: Microbial Technology: Current State, Future Prospects. Cambridge University Press, 327-358

Nelligan I, Calam C T (1983) Optimum Control of Penicillin Production Using a Mini-Computer. Biotechnology Letters 5, 561-566

Pamment N B, Hall R J, Barford J P (1978) Mathematical Modelling of Lag Phases in Microbial Growth. Biotechnology and Bioengineering 20, 349-381

Vardar-Sukan F (1985) Dynamics of Oxygen Mass Transfer in Bioreactors. Process Biochemistry 20, 181-184 und (1986), 21, 40-44

Wang H Y, Cooney C L, Wang D I C (1977) Computer-Aided Baker's Yeast Fermentations. Biotechnology and Bioengineering 19, 69-85

Williams F M (1967) A Model of Growth Dynamics. Journal of Theoretical Biology 15, 190-207

Sachverzeichnis

In der Reihe Biotechnologie erschienen bisher:

GACESA, Enzymtechnologie

JACKSON, Verfahrenstechnik in der Biotechnologie

TREVAN, BOFFEY, GOULDING, STANDBURY, Biotechnologie: Die Biologischen Grundlagen

In Vorbereitung sind:

HALL, Biosensoren

TOMBS, Biotechnologie in der Lebensmittelchemie

WARD, Bioprozeßtechnologie – Industrielle Anwendungen

WAYMAN, Biotechnologie der Umwandlung von Biomasse

Springer-Verlag und Umwelt

Als internationaler wissenschaftlicher Verlag sind wir uns unserer besonderen Verpflichtung der Umwelt gegenüber bewußt und beziehen umweltorientierte Grundsätze in Unternehmensentscheidungen mit ein.

Von unseren Geschäftspartnern (Druckereien, Papierfabriken, Verpackungsherstellern usw.) verlangen wir, daß sie sowohl beim Herstellungsprozeß selbst als auch beim Einsatz der zur Verwendung kommenden Materialien ökologische Gesichtspunkte berücksichtigen.

Das für dieses Buch verwendete Papier ist aus chlorfrei bzw. chlorarm hergestelltem Zellstoff gefertigt und im ph-Wert neutral.